河北工业大学
天津城建大学
北京工业大学
北方工业大学
北京建筑大学
河北农业大学
河北建筑工程学院
河北工程大学
吉林建筑大学

·联合编著·

京津冀

中 国 城 市 规 划 学 会 学 术 成 果

# 2018年
# 城乡规划专业京津冀高校
# "X+1" 联合毕业设计作品集

记忆·更新·价值——存量语境下的天津西沽地区城市设计

中国建筑工业出版社

**图书在版编目（CIP）数据**

2018年城乡规划专业京津冀高校"X+1"联合毕业设计作品集：记忆·更新·价值——存量语境下的天津西沽地区城市设计：/ 河北工业大学等编著.—北京：中国建筑工业出版社，2018.9
ISBN 978-7-112-22540-8

Ⅰ.①2…  Ⅱ.①河…  Ⅲ.①城市规划–建筑设计–作品集–中国–现代  Ⅳ.①TU984.2

中国版本图书馆CIP数据核字（2018）第179735号

本书为第二届城乡规划专业京津冀高校"X+1"联合毕业设计的作品集。在国家京津冀协同发展战略的引导下，本次毕业设计选题紧紧围绕快速城市化进程中城市存量规划建设思路，选址在中国近代工业发祥地、京杭大运河的重要节点、天津西站城市副中心——西沽地区，题目为"记忆 · 更新 · 价值——存量语境下的天津西沽地区城市设计"。

本书可供相关院校城乡规划专业的师生参考。

责任编辑：徐　冉　许顺法
责任校对：姜小莲

## 2018年城乡规划专业京津冀高校"X+1"联合毕业设计作品集
### 记忆·更新·价值——存量语境下的天津西沽地区城市设计

河北工业大学
天津城建大学
北京工业大学
北方工业大学
北京建筑大学　　　　联合编著
河北农业大学
河北建筑工程学院
河北工程大学
吉林建筑大学

\*
中国建筑工业出版社出版、发行（北京海淀三里河路9号）
各地新华书店、建筑书店经销
北京点击世代文化传媒有限公司制版
北京富诚彩色印刷有限公司印刷
\*
开本：880×1230毫米　1/16　印张：13¼　字数：400千字
2018年9月第一版　2018年9月第一次印刷
定价：168.00元
ISBN 978-7-112-22540-8
　　（32614）

# 序一

  京津冀城乡规划专业"X+1"联合毕业设计，是专业社团、企事业、政府部门和高校以教学创新方式响应国家京津冀协同发展战略的联合行动。联合毕业设计活动已经连续举办了两年，每年经过中期、终期答辩后，将学生们的设计方案收录出版一本作品集。我有幸参加了答辩环节全过程，目睹了师生们倾心尽力的工作及卓然成效。应今年主办学校之一河北工业大学建筑与艺术设计学院副院长赵晓峰教授之约，为作品集写序。

  2018年京津冀城乡规划专业联合毕设以"记忆 · 更新 · 价值——存量语境下的天津西沽地区城市设计"为主题。西沽地区是天津市的发祥地，现有众多历史建筑和特色遗存，也有大量破败的房屋，街道狭窄，环境杂乱，折射了天津城市传统生活状态和传统文化。若干年前，本地区曾被规划定位为"天津城市副中心"，然而宏图愿景与现实天壤之别。衰败地区如何复兴对任何规划工作者都具有挑战性。

  "纸上得来终觉浅，绝知此事要躬行"，师生们选择西沽地区做设计基地，直面复杂的现实问题。在老师们启发指导下，同学们敢于质疑、勇于思考、大胆尝试、富有创意，在很短时间内就抓住核心问题，挖掘存量地区的特有价值，运用渐进、织补、有机等理念和方法，分析判断综合，短时间内拿出了精彩纷呈的方案。

  比如：一些同学从产业分析入手，质疑原西沽地区城市副中心定位，通过取舍扬弃，减少原定的金融、保险、商务功能，增加科技创新、民俗文化、旅游休憩功能；一些同学尝试采用百度热力图、微博签到、情绪解读等互联网分析工具，从多角度进行基地分析，发现该地区的真实需求和存在问题，提出解决策略；一些同学提出"趣城计划"、"文化火锅"、"桥 · 廊——生活共同体"等主题创意，体现了新时期青年人对追忆历史、体验未来的主动探索。

  通过联合毕设、观摩交流，同学们的规划理念和专业技能得到快速提高；更重要的是，通过实战，也经历了正确的规划价值观培育过程。社会转型期，规划面对多元、复杂、相互冲突的利益和价值诉求，特别是城市老旧地区历史与现实矛盾交织叠加，不同利益群体对空间资源的重新分配和争夺更激烈。城市规划作为维护社会公平、保障公共安全和公众利益的重要公共政策，在现实复杂环境中既要解决物质环境问题，又要化解社会矛盾、坚守价值底线，这个底线就是最大化维护公众利益。

  无论过去、现在和未来，规划和建设城市的根本目的，都是为人民群众创造良好的发展条件和生活空间。30多年前，金经昌先生给城市规划1986年应届毕业生纪念册上写序，题目是"城市规划是具体为人民服务的工作"，就是期盼初出茅庐的年轻规划师要有社会责任感和坚守正确价值观。如今，新形势倒逼城市规划革故鼎新，更需要冷静思考规划的目的。

  京津冀"X+1"联合毕设活动，虽然"小荷才露尖尖角"，我相信通过中国城市规划学会在学术上一如既往的支持，师生们的热情投入，各参与方的齐心协力，终会"无穷荷叶碧连天"，为京津冀协同发展战略增色添彩。

**中国城市规划学会副秘书长、教授级高级城市规划师　耿宏兵**

　　非常荣幸受河北工业大学建筑与艺术设计学院邀请参加 2018 年城乡规划专业京津冀高校 "X+1" 联合毕业设计，与来自河北工业大学、北京工业大学、北方工业大学、北京建筑大学、河北建筑工程学院、河北农业大学、河北工程大学、天津城建大学和吉林建筑大学等九校的师生们齐聚天津，参加并指导主题为 "记忆 · 更新 · 价值" 的京津冀高校 "X+1" 联合毕业设计。活动围绕天津西沽城市副中心建设，以西沽地区为设计场地，探讨存量语境下的天津西沽地区城市设计。各校老师和同学们组成的设计团队，在秉承首届活动优良传统的基础上，紧密围绕本届主题，严格按照教学安排，立足于对场地文脉的发掘及对城市背景的理解。经过近半年的辛勤努力，进行了大量的实地调研和综合分析。师生们基于对宏观时代背景变化及新时期天津发展诉求的分析，反思了城市建设的内涵，在综合梳理现状问题的基础上，结合国内外多个城市的规划建设案例，提出了许多富有价值的创新理念、清晰的逻辑和解决方案。并通过简洁明快的表达，阐述了城市地域的实质意义、城市功能地域发展及其空间特征、城市区域与城市内部空间结构特征等关键要素，获得了专家们的一致肯定和赞扬。

　　教育协同发展是落实京津冀协同发展重大国家战略的客观要求。城乡规划专业京津冀高校 "X+1" 联合毕业设计，是落实京津冀教育协同发展的重要举措，是京津冀的学会、企业、政府和高校四位一体的联合行动。联合毕业设计，不仅是一场京津冀高校联盟毕业实践教学活动，更是一种创新的合作，是一种多赢的合作。在联合毕业设计的过程中，来自京津冀三地的高校不仅传承和倡导北洋 "工学并举" 和 "勤奋、严谨、求实、进取" 的优良校风与办学特色，而且坚持统筹协调、坚持改革创新、完善体制机制，为三地高等教育创新发展作出了重要贡献。

　　祝贺 "2018 年城乡规划专业京津冀高校 "X+1" 联合毕业设计" 在河北工业大学成功举办并取得丰硕成果！天津市城市规划学会将一如既往地支持联合毕业设计活动的开展，并希望将其打造成为学界品牌且越办越好！

　　　　　　　　　　　　　　　　　　　　　　　天津市城市规划学会秘书长　　王学斌

# 序三

　　在这个热情如火的夏日，京津冀高校城乡规划专业"X + 1"联合毕业设计终于圆满收官。收获的时节，也正是感恩的时节，最难忘的总会是春种的缘起与夏耕的辛劳。

　　由衷感谢中国城市规划学会、天津城市规划学会对本次联合毕设的热切关怀与鼎力支持。耿宏兵、王学斌两位秘书长代表国家和地方两级学会，在联合毕设整个设计阶段，亲临指导中期汇报和终期答辩，为联合毕设顺利开展提供了坚强的领导和有力的保障。

　　特别感谢同济大学彭震伟教授，彭教授在联合毕设中期汇报期间亲临指导、全程点评，为九校师生带来意外的惊喜。

　　感谢天津大学曾鹏副院长、中国人民大学邬艳丽教授、天津市城市规划设计研究院周长林副院长、河北省城乡规划设计研究院温炎涛副院长的悉心指导。

　　感谢中国城市规划学会石楠副理事长，中国城市规划设计研究院王凯副院长，清华大学吴唯佳教授、毛其智教授，北京大学冯长春教授、林坚教授，中国人民大学叶裕民教授，以上专家学者最终虽因故未能莅临本次联合毕设，但均对此次京津冀城乡规划专业的教育盛会给予热切关怀。

　　感谢九所高校师生的大力投入和倾情奉献，在这些充满创新和诗意的作品中，我们看到了中国城乡规划未来的希望。

　　感谢中国建筑工业出版社对京津冀高校城乡规划专业联合毕业设计的大力支持，你们高效的工作是该书得以早日付梓的有力保障。

　　最后，感谢本次与我校联合承办此次毕业设计的天津城建大学，是我们的共同努力让整个教学活动划上圆满的句号。

　　喜看十里稻花香，

　　蜂蝶不解农人忙。

　　待到桃李满园后，

　　家国处处有栋梁。

　　京津冀高校城乡规划专业联合毕设的友谊之树已初长两年。我们相信，在多方力量的共同支持下，这棵稚嫩的青苗终将成长为参天大树。让我们随梦想不断前行，在期待中不懈努力吧。

河北工业大学建筑与艺术设计学院副院长　　赵晓峰

今年是京津冀高校"X+1"联合毕业设计顺利举办的第二年，天津城建大学有幸得以与兄弟院校河北工业大学一起承办此次系列活动，为诸位优秀毕业生同学提供挥洒汗水与展示才能的舞台。3月9日，京津冀地区八所高校及特邀前来的吉林建筑大学共九所高等院校齐聚天津，以"记忆·更新·价值"为主题的第二届京津冀高校"X+1"联合毕业设计正式开幕。

本届联合毕业设计围绕天津城市副中心建设，选择天津发源地及未来的副中心西沽地区为设计场地，探讨存量语境下的天津西沽地区城市设计。西沽地区是天津的老城区，具有丰富的历史文化印记，临近天津市西站，是中国近代工业的发祥地之一、京杭大运河的重要节点，也是现今留存的具有老天津卫风格的老城外运河文化的地区之一。2017年2月24日，习近平总书记作出重要指示：保护大运河是运河沿线所有地区的共同责任。对于西沽地区建筑及街区的保护毫无疑问是构建大运河文化结构的重要组成部分，是作为城市规划者的我们需要反思和面对的问题。但更重要的是，对于作为个体的天津市民而言，西沽地区更是无法阻挡的城市现代化进程中天津作为一座城市提供给个体的关于传统社会和地区文化的想象源泉。而这种小范围的"想象的共同体"，正随着城市的更新而逐渐变得难以成形。与此相对应的，以"五大道"即近代租界文化为代表的，被卷入世界体系后中国城市的被动文化形态与天津市民作为城市主体进行自我身份确认的倾向之间将存在巨大的张力。

此外，西沽地区作为经济相对落后的旧城区，其区域的更新必然会对城市居民的生活质量与物质保障起到积极作用。西沽地区的问题，是用以抵抗人的异化的文化记忆建构与中国当下城市更新两种价值观的碰撞，是城市现代化进程无法阻挡与传统文明如何自我保存甚至谋求融入的问题，其归根到底是现代性的问题。

面对这样充满着复杂现状约束与理论张力的设计主题，从开题、中期汇报到结题答辩，一组组同学通过夜以继日的努力，在指导教师的悉心叮咛下，交出了相当有质量的答卷。在不同的方案中，我们能够看到各个设计团队严格按照教学安排，围绕天津城市副中心建设主题，在西沽地区整体分析以及解决方案等方面进行了多角度的阐释。同学们的作品或许还有略显质朴和不够完美的地方，但都充满着希望用一己之力改善社会问题的独属于青年人的力量，这让我尤为感动。或许这就是"一代更比一代强"的青春责任的最好体现吧。

作为高校教育工作者，我们有志于培养拥有大局观和整体思维，在城市规划领域具有前瞻性思维的综合性人才。京津冀高校"X+1"联合毕业设计给各高校教师和优秀学子提供了一个互相交流、彼此学习的平台，也为城市规划行业教育工作者提供了教育协同发展的有效路径。近年来，教育协同发展作为落实京津冀协同发展重大国家战略的客观要求，为三地的高校密切交流合作、创新体制机制提供了巨大的便利条件，我们的联合毕业设计活动也正依托此背景展开并得到了广泛的支持。中国城市规划学会和天津城市规划学会提供的学术支持，天津城市规划设计研究院提供的技术支持，天津市红桥区规划局提供的政府支持，以及天津万科房地产有限公司与领贤网的工作支持使得本次毕业设计得以顺利进行。我们有理由展望，未来京津冀高校"X+1"联合毕业设计将会朝着日臻完善的道路继续前行。

# 目录 Contents

# 2018 年联合毕业设计任务书

# 记忆·更新·价值
## ——存量语境下的天津西沽地区城市设计

# 1 项目概况

## 1.1 题目解读：具有历史价值的城中村保护与更新

快速的城市化进程不断蚕食着乡村，并将其吞噬进支离破碎的城市空间。靠着提供低廉的物价、公共服务及住房供给，城中村成为一个低成本城市空间，为低收入的本地居民以及外来流动人口提供了一个生活、落脚场所。仅仅因为拆迁资金的问题而暂时幸存的城中村，反而因其发展的滞后保留了大量具有历史价值的物质空间及非物质文化遗存。在城市功能定位发生巨大转变的过程中，城中村地区的开发，如何平衡"历史保护"和"城市更新"的矛盾？如何在适应新的城市功能定位的同时，体现原有的历史脉络和文化印记？

## 1.2 项目背景：西沽——天津的发源地 + 未来的副中心

西沽是天津市的发祥地。作为京杭大运河的重要节点，因漕运而起，借漕运而兴，又地处子牙河北运河三岔河口的西沽，是既传承有序又比较完整地保存着清末到现代的建筑形态、街道肌理和生活状态的历史街区，展示的是与租界地区、老城厢地区相对应的老城外运河文化，同时 1949 年后的历史又给她烙上一些时代印记，使之历史层次感更加分明、厚重。相对于历次"创造性"修葺的租界地区、"开发性"重建的老城厢地区，其更具有不可多得的历史感和更多的原真性，是天津城市传统生活状态和传统文化的唯一遗存，具有不可替代性。西沽现存众多历史保护建筑，同时又拥有大量破败的房屋、逼仄的街道、四处乱搭乱建的违章建筑，以及各种条件缺失的公共设施。

在天津市总体规划中，西沽地区是天津市五个城市副中心之一的"西站副中心"的重要组成部分，承担着"中心商务区"的功能。因此，此区域的规划应兼顾居住、商业及商务功能，并充分考虑与承担"交通枢纽"功能的西站之间的关系。

## 1.3 规划研究范围与课题设计范围

本次规划首先要研究的范围是北至光荣道，西至西站北大街，东至北运河，南至西青道，约 3.2 平方公里（图 1）。规划范围内现状为城市建设用地，其中以居住用地为主。要求每组学生（4~5 人组）对 3.2 平方公里的用地进行概念性规划（如为 2 人组可做概念性研究），深度由各学校确定。概念性规划（研究）中，基本城市主路网不得改变（图 2），其他路网可自行确定。此

图 1 研究范围及选地范围

2018 年 城乡规划专业京津冀高校 [X+1] 联合毕业设计 作品集

地块的官方控制性详细规划的路网、空间结构和指标（图3，表1），可作为规划设计的参考，根据自己的研究进行调整。

在此基础上每人选择30公顷用地进行城市设计。

图2 保留路网

图3 西沽地区控规

| 西沽地区控规指标表 | | | | | | | | 表1 |
|---|---|---|---|---|---|---|---|---|
| | 公建用地（ha） | 公建建筑面积（万 m²） | 公建平均容积率 | 居住用地（ha） | 居住建筑面积（万 m²） | 居住平均容积率 | 总建筑面积（万 m²） | 住宅公建比 |
| 原控规 | 20.0 | 120.0 | 6.0 | 21.8 | 60.0 | 2.8 | 180.0 | 33：67 |
| 本次控规 | 15.0 | 90.0 | 6.0 | 35.0 | 90.0 | 2.5 | 180.0 | 50：50 |
| 增减 | -5.0 | -30.0 | 0.0 | +13.2 | +30.0 | -0.3 | 0 | |

# 2 规划设计条件

## 2.1 规划重点

本次规划以天津市西沽地区为对象，对具有传统特色风貌的城中村片区的历史保护和城市更新需求之间的关系进行研究，并提出解决方案。鼓励各小组通过调研、解题、分析和设计，提出充满创意的策略。规划重点为：

（1）有效应对城市副中心的巨大城市开发容量的压力，平衡保护与开发的关系；

（2）延续运河文脉，挖掘天津城市发源地的历史文化，塑造天津地域特色的滨水文化空间；

（3）研究城中村的特殊历史价值，找寻天津人的记忆，构建西沽地区的空间形象和特色，提高环境品质和生活品质。

## 2.2 规划设计要求

通过对上位规划和相关规划及对现状的研究和分析，提出本片区的区域城市总体形态、城市功能定位、用地布局、空间形态、景观塑造、道路交通及市政基础设施规划、生态环境建设、控制引导指标、实施方案等方面的设想。采用策划加规划的思路，对片区的功能定位、产业发展方向和思路进行重点研究，对上位规划所确定的功能定位应基本遵从，但可以通过充分的分析研究作大胆的调整和优化，为指导下一层面详细规划提供依据。

# 3 成果要求

## 3.1 说明书要求

参考各学校毕业设计说明书格式。

## 3.2 图纸要求

（1）背景与现状分析

对城市与城市设计地区现状环境分析与评价，提出存在问题、发展建设困难，探讨可能的发展目标与可能性，并附以必要的现状图与现状分析评价图。

（2）环境效果意向

表达城市设计预想的城市建设发展的物质形态环境意向，通过效果图、模型、多媒体，采用可视的手段表达最终建议方案物质空间形态与环境效果。

（3）城市形态发展

表达城市设计地区与城市或区域整体的相对关系、城市形态的历史演进变迁和发展趋势、城市设计地区现状、传统空间形态与发展趋势。

（4）功能与空间布局

提出城市设计所建议的发展方案平面图，将城市设计方案的物质空间发展形态尽可能清晰地表达出来，如道路、建筑、层数、广场、绿地、小品、停车等，并提出相应的物质空间形态三维成果内容。

（5）城市空间形态

城市设计地区的建筑高度分布、城市空间高度控制点及控制线、地区建筑群轮廓线、城市地标建筑物的位置与空间的关系。

（6）城市景观系统

确定城市设计地区的主要景观、景观带、景区、特殊景观，明确景观线、视廊、视域，提出特色要素及保护、发展、创新的控制指导。

（7）城市公共开放空间

确定城市设计地区的重要公共活动空间的结构、布局、位置、规模、性质与环境特点，建立城市公共开放空间系统的控制引导细则。

（8）重点地区（段）设计

明确城市设计地区特色分区与对城市有重大意义的重点地区（段），规定其位置、范围、功能与景观特色要求，提出建议的物质形态发展方案，并提出相应的控制要求与设计指导。

（9）城市设计专题研究

针对城市设计涉及的关键问题进行的专项研究。

# 河北工业大学

·河　　　北　　　工　　　业　　　大　　　学
·天　　　津　　　城　　　建　　　大　　　学
·北　　　京　　　工　　　业　　　大　　　学
·北　　　京　　　建　　　筑　　　大　　　学
·河　　　北　　　农　　　业　　　大
·河　　北　　建　　筑　　工　　程　　学　　院
·河　　北　　工　　程　　大　　学
·吉　　林　　建　　筑　　大　　学

# 指导教师感言

　　从 2018 年 3 月 9 日开题和实地调研，到 4 月 13 日的中期汇报，再至期末 6 月 1 日的终期成果答辩，历时三个月的第二届京津冀城乡规划专业"X+1"联合毕业设计圆满结束。作为主办成员和指导老师，付出和收获并存，焦急与欣喜相伴，收获很多，感触颇深。

　　本次设计以"记忆·更新·价值——存量语境下的天津西沽地区城市设计"为主题，围绕天津西站城市副中心建设，探讨未来西沽地区的城市规划与建设。对于与工大老校区相邻的地块，同学们既熟悉又陌生，基地内复杂的建设现状、交织的社会问题，增加了基地的"神秘感"。面对难题，两组同学多次深入基地调研，面对面访谈，获取较全面的原住民空间认知与感受，通过表象的空间形态分析获得了基地生成过程中的空间逻辑关系。同时认识到，在城市空间理性化研究大行其道的当下，大量不可预估的、偶然性的交往行为是城市生活趣味性的源泉，每个城市居民心中都有着不同的"城市中心蓝图"，城市意象也并非都是"曼哈顿式的"，传统文化影响下的空间律动才是彰显古运河之畔城市演变脉络的最佳方式。在此基础上，两组同学分别从文化、产业、建筑保护、交通组织、景观生态等方面提出了各自的设计理念，进而探寻存量背景下的城市历史地段发展规划设计思路和方法。经过这一过程，同学们深刻认识到实地调研对形成城市规划设计理念的深远意义。

　　多校联合毕业设计的形式，改变了原有"老师—学生"的传统单一模式，更突出了对城市现存现象的调查与分析，对实际问题的甄别与研究，对解题思路的思辨与探讨。特别是通过设计场景的变换和比对，促进了各高校城乡规划专业教学之间的相互交流，拓宽了学生面对城市实际问题时的思考视角，从而带动了发散式的设计理念、多元化的解题方法和非常规的表达手段。另外在过程安排上，通过开题调研—中期汇报—成果答辩的阶段化形式，尤其是政、校、企多方专家的介入评议，最大化地激发了学生学习的热情，推动了课题设计的层进深入，老师和同学们都获益匪浅。应该说，京津冀城乡规划专业联合毕业设计已成为专业教师交流及学生培养的教育新平台，相信会越办越好。

**孔俊婷、许峰、孟霞、李蕊**

# 学生感言

**杨　林**：五年时光匆匆而过，转眼间，我们即将离开大学校门，步入另一个充满未知和挑战的世界。大学五年，在老师的帮助和指导下，我学习了很多专业知识，也感悟了许多人生道理。从大一的时候对于规划专业的一无所知、不知所措，到大三时初次接触规划、感受奇妙，再到大五时能和团队共同协作完成一整个城市设计……在这个过程中，我逐渐对于城市、规划、空间、发展、设计等有了一定的认知，也感受到规划设计对人生活的影响。城市本就包罗万象，因此更需要我们这些规划师去接触学习各方面的知识，这样才有能力应对城市中出现的各种问题。

大学期间的最后一个设计，有幸可以和众多优秀的老师、同学共同探讨天津市西站副中心的建设。在这个过程中，九校师生一起调研，一起探讨发展模式，一起展示规划成果……这样的经验是我人生中一大宝贵的财富。

随着毕设的结束，我的大学生活也即将结束。愿未来人生路上可以活出不一样的精彩！

**顾德华**：时光荏苒，三个月的时间转瞬即逝，这三个月以来的九校联合毕业设计使我受益匪浅，同时也感受良多。

从最开始的开题仪式，到中期汇报，我经历了从满怀激动到略有茫然再渐入状态的转变。在中期汇报时看到了来自不同学校的同学所带来的不同的视角，给我带来了很多灵感，也开拓了思路，不再局限于自己的思维。每个学校精彩的汇报讲解也给我们带来了一些压力。从中期汇报到最终汇报，我经历了从渐入状态到埋头苦干的转变。在老师们的指导下，我和我的队友一次又一次地调整着我们的方案，整理着我们的思路。在经历了多次修改后，最终在终期汇报时向专家和来自各个学校的老师同学们讲解了我们的方案，也领略了其他各校同学精彩的方案，收获良多。

感谢孔俊婷、孟霞、许峰、李蕊老师对我们的耐心指导。这次的联合毕设有忙碌，有欢乐，有辛苦，也有收获，我在这次的联合毕设中不管是从专业知识上、设计方法上，还是心态上都有了很大的提升。感谢各位指导老师和队友们的付出！

**宫　婷**：刚接触城乡规划这个专业时，总是绘图，做PPT，写调研报告，背各种各样的历史、规范，感觉就像是个学了文科的艺术生，中学所坚持的理科生涯好像没了意义。后来，随着对城乡规划这门学科的了解，就越欣赏它。想要学好城乡规划，要懂得各方面的知识，经济学、地理学、生态学，甚至是当下最前沿的互联网大数据。当你懂了城市的各种构成，才能成为一个城市的把控者，这种感觉就像造物主。

城乡规划是一个五年制的学科，作为一个恋"旧"的人，可以停在学生时代，和朋友们多相处一年，也是一种小幸运。城乡规划的设计课程，让我们可以一对一、面对面地跟老师学习，我们认识所有老师，所有老师也认识我们，这也是一种小幸运。

五年亦是白驹过隙，想着可以早早毕业，去做毕业旅行。但当毕业真的来临又是那么不舍。这次的联合毕设，不得不说很辛苦，但是苦中有乐，累而充实，积累了经验，收获了硕果。

段晓肖：如果时间这条只能向前的单行道，不再吝啬给予我们回到过去的权利，我还是不会更改当时的选择。选择这个专业，不知不觉已经过去五年了。曾经觉得长长的五年，什么事都会发生。但过了以后再看，又觉得其实什么大事都没有发生，因为我还在这条路上走着，有节点，没有终途。

这次的毕业设计，很好地为我这大学五年画上了节点，与同学们的合作，与老师的沟通，使我得到了很大的提升。在修改方案的过程中，遇到过一些困难，后期天天对着电脑画图也使人筋疲力尽，但是艰难的日子终会过去。坚强，自信，超越自我，拒绝平庸。

李锦怡：时光飞逝，现在回想起近半年的联合毕业设计，一路走来，感受颇多。在不断的反复中走过来，有过失落，有过成功；有过沮丧，也有过喜悦。在一次次的失落走向成熟中，不断历练了我的心志，考验了我的能力，也证明了自己，发现了自己的不足。

半年的毕业设计培养和提升了自己的知识运用能力，使自己从被动的基础学习和按部就班的设计阶段，进入理论联系实际和主动分析解决问题的开放式思维阶段。其间很多的思绪缠绕着我，犹如被困的蝉蛾一样，想突破自己，突破常规，必须经历时间的考验，最后拾起散落满地的思想碎片，在不断的挣扎与蜕变中完成设计，并得到满意的答卷。

毕业设计宛如展示自己的一个平台，倾听各方意见和建议，做出好的作品，也展现自己的才智，这是努力创作的一种精神。设计是自己的选择之路，没有答案就应该勇敢地去寻找，说出自己想要的，在设计中体现对于事物的看法，对于情感的理解。就让感谢的话转换成一种动力，让自己在以后的路上能走得更精彩吧。

任晓桐：漫长而又短暂的联合毕设为我五年的大学学习和生活画上了句号，回首这五年，我们一起经历过很多很多，外出写生、实地调研、汇报讲演、熬图刷夜……这些美好的回忆历历在目。毕业是一个结束，也是一个开始，大家的未来一定更加灿烂辉煌！

在联合毕设的过程中，感谢规划系各位老师的倾力相助，不断地鼓励并帮助我们一步步深化方案；感谢团队成员的默契配合，我们一起熬夜画图，一起修改方案，一起进步成长；感谢联合毕设这段经历，让我开阔了视野，积累了经验，收获了知识和友谊！愿多年以后的我，仍然保持这份对规划的热情、对城市的敬畏以及对设计的热爱。

# 释题与设计构思

## 释题

本次联合毕设主题选取"记忆 · 更新 · 价值——存量语境下的天津西沽地区城市设计",紧跟社会热点与需求,通过规划设计,力求探讨城市老城发展的理性与感性共荣。存量更新,不是简单的推翻重建,更需要直面并充分协调城市的过去、现在与未来。

我们更愿意将"存量更新"理解为"存量历史,更新生活"。通过规划,继承场地特质与历史文脉,激活城市活力,实现城市功能的全面升级。西沽地区,是老天津的发源地与最后的遗留。一方面我们希求的是场地内最具原态的天津"味道"——老天津卫人的生活氛围、原真空间与邻里状态。这些我们都能从场地内发现与提取,但它们够厚却不够重。有街巷与生活,却并无多少在我们今天看来常规意义的能够称之为文物的历史遗存。这就造成城市更新过程中,它们是可以被轻易遗弃的。而场地内现实的状况也是如此:西沽南片区保存较为完整,但即将启动拆迁,丁字沽、旱桥片区城中村拆毁多,新建区已失场地特质。而且这种擦除式城市更新,在当地受到很多居民的认可与支持,因为这里的居住条件太差了。这就提出了一系列的问题:这种城市印记的擦除真的好吗?天津到底应该是什么味道?宜居的生活必然以场地记忆的抹除为代价吗?另一方面,西站交通枢纽与城市副中心功能定位带来的城市发展动力,处于门户的西沽地区,未来将是城市的窗口与区域的中心。我们要给人"看什么"?对于城市活力的定义又是什么?如何在功能提升的同时经营城市,是每一个规划师要考虑的方面。西沽厚重的历史与紧迫的现实,无不提醒学生们,对于此处的规划设计要小心、用心、耐心。充分的融合,精明的经营,保护与发展并重,才能不辜负这片土地的期待。

## 设计构思

### 方案一:津源融新律,沽韵叠今门
**设计者:杨林、宫婷、顾德华**

规划以"津源融新律,沽韵叠今门"为主题,以"叠"为手段,以"融"为目的,致力于打造一个层叠交融、多元共存的"融 · 叠城市"。依托子牙河和北运河,秉承"运河文化、生态共融"的设计理念,围绕"津源新律"探寻文化根源,塑造空间节点,最终形成"四岸、五心、三广场"的结构,打造"两河三岸"的门户景观。通过对城市综合枢纽功能与城市绿色发展空间的整合,形成西站——西沽公园的现代商业商务发展主轴和城市文化休闲体验旅游副轴线,形成"两河联三岸,双轴串六点"的规划结构。在梳理现有车行交通体系的基础上,注重慢行交通与步行空间的营造,建立"以人为本"的交通模式,构建慢行步道和旅游路线,促进门户交通枢纽与副中心城市功能的高效耦合,实现各功能节点的叠合互补发展。功能布局上,西于庄片区以商业商务科创为主,西沽南片区以文化休闲旅游为主,旱桥片区以体验式文化为主。经过融合发展,最终打造沽韵门户、印象之城,活力共生、繁荣之城,融合生长、众善之城,叠旧续新、永续之城。

### 方案二:津源傍沽水,诗韵踏红桥
**设计者:段晓肖、任晓桐、李锦怡**

本规划以诗律、诗情、诗境三个关键词作为打造诗意城市的切入点。诗律,就如同作诗讲求章法和韵律,设计也要梳理清晰的结构与秩序。诗情,以诗抒情,通过功能、空间、环境等设计,做到传承记忆,留住乡愁。诗境,寓情于景,打造诗词中浪漫闲适的田园风光与意境。总体设计构思上,结合西沽特殊的地理、历史和生态条件,引入"叶子"的形态,以一条生态绿带为主脉,向两侧蔓延绿色脉络,分隔并包围出各个功能组团,以分散化的集中实现城市集中性与环境舒适性之间的平衡,并形成"归园田居"式的田园风光。

## 上位规划 | Superordinate Planning

京津雄三地的重要连接点：西站与京沪、津保、京津城际等高铁线路联通，是天津西进的主要通道

天津层面：空间格局"一轴、两带、三区"
城市性质：全国先进制造研发基地、北方国际航运核心区、金融创新运营示范区、改革开放

中心城区层面：空间格局"一主五副"
发展定位：文化旅游中心、科教创新中心反映中国近代史的历史文化名城等。

主要城市轨道交通——天津西站，
多条市内轨道交通——Line1和Line6
公交系统主要站点——丁字沽公交站

## 历史沿革 | Historical Evolution

金朝——天津(市区)聚落的形成肇始于金朝在此设立直沽寨。位置在三岔河口，因其存在时间很短、史料少，建设上没有留下遗迹可寻。
元朝——由于漕运的发展，形成带状河港布局，虽未建造城池，但是早期有市无城的城镇雏形。但元末受战争影响遭到严重破坏。
明朝——明永乐二年（1404年），开始筑城设卫。万历十六年（1588年），在西沽等七地设渡口，而后沿河一带居民逐渐增多，西沽聚落逐渐繁荣。
清朝——1694年，康熙下令修建通州至西沽、西沽至霸州之运岸。从此西沽水患得到治理，人口大增，庙宇林立，商铺繁多。
1903——进入近代，西沽得到再一次的发展，形成许多古老的里巷，多以姓氏家族为名。如冯家胡同、洪家胡同、屈家胡同、修善堂胡同等。
1936——西方文化的传入，与传统西沽相互交融，形成独特文化魅力。各类工厂如雨后春笋般建立起来，带动了此处的繁荣发展。
2000——活力衰退，逐渐形成棚户区，但依然保存着清末、民初的生活格局，已成为津门现存最大、最具代表性的传统中式民居社区。
2018——在城市现代化发展的冲击下，与人民生活需求的矛盾日益尖锐。搬迁不断进行中，面临着消失的危险。

[人群构成演变]

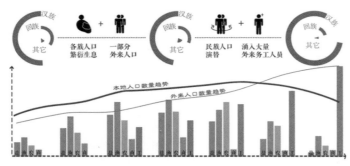

[城中村价值]

## 存量更新 | Survivals & Renewal

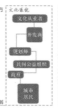

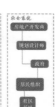

2018年城乡规划专业京津冀高校「X+1」联合毕业设计作品集

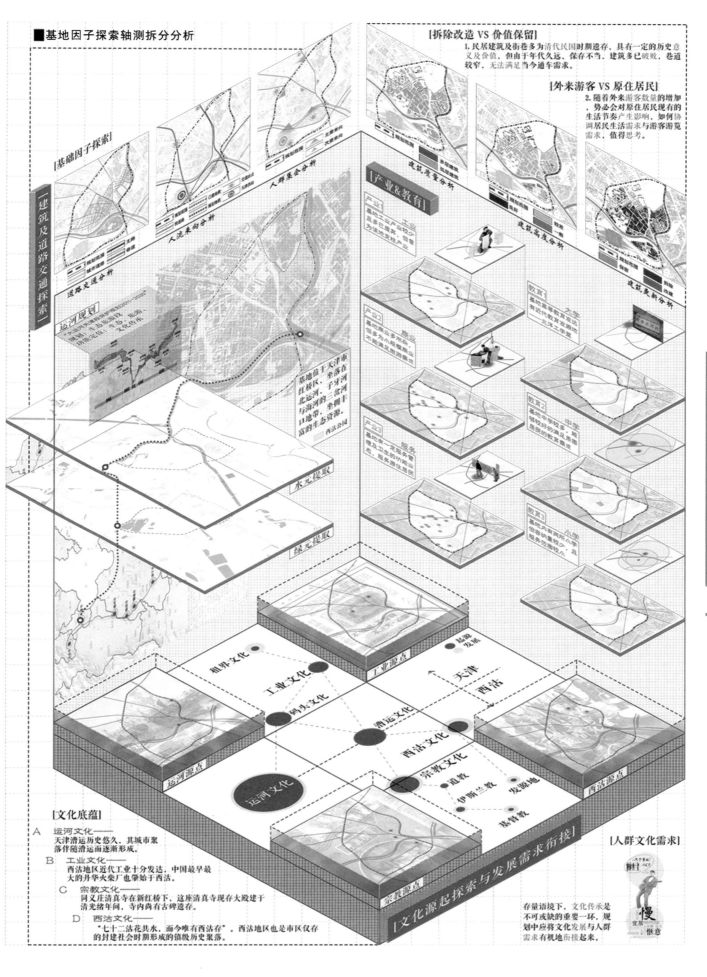

## 现状分析 | Situation Analysis

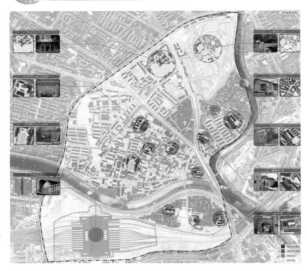

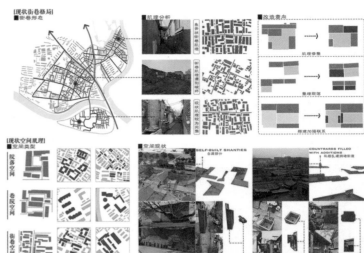

[现状街巷格局]
■街巷形态

肌理分析

改造要点

[现状空间肌理]
■空间类型

空间现状

SELF-BUILT SHANTIES

COUNTRARDE FILLED WITH ADDITIONS

院落空间

巷院空间

街巷空间

TOSS AWAY

## 人群需求 | Needs of people

| | 基本性要求 | 提升性要求 |
|---|---|---|
| 就业与创业<br>**灵活/职住平衡** | • 上下班方便、基本职住平衡<br>• 工作环境舒适、配套完善 | • 就业岗位充足易得<br>• 灵活创业就业 |
| 公共环境<br>**优美/舒适/亲近** | • 大片受保护的开敞空间<br>• 公园十分钟步行圈 | • 可融入生活/户外休闲活动系统<br>• 具有吸引力的精致公共空间 |
| 社区品质<br>**便捷性/归属感** | • 保障住房的充足<br>• 稳定的房价、住房多样化供给 | • 临近就业的住宅供给、高品质居住<br>• 文化归属感和人性化街道 |
| 公共服务<br>**全面发展** | • 适宜的服务尺度<br>• 均等的基本公共服务<br>• 提高公共服务使用度<br>• 商业和娱乐设施全覆盖 | • 私人学校和医院的普及率<br>• 顶尖、全天候的运动设施<br>• 多样化、随处可见的交流空间<br>• 帮助所有人建立积极社会角色 |
| 文化娱乐和消费<br>**传承/丰富** | • 保护传统文化 | • 提升传统文化资源<br>• 丰富多彩文化、艺术和娱乐活动和场所 |
| 交通设施<br>**可选择/高质量** | • 充足可靠的交通设施<br>• 公交导向、慢行交通 | • 出行距离的人性化<br>• 降低出行时间/高效交通管理<br>• 交通零排放/自行车公用系统 |

从注重经济单一目标转向社会、经济、社会、文化、环境等多维目标，多维目标基于"人"来确定。

安全感 幸福感 满意度 愉悦度 归属感 美誉度

人的需求

⬇

有机性 科学性 艺术性 多元化

城市的特征

## 设计意向 | Design Intention

[活力元素分析]

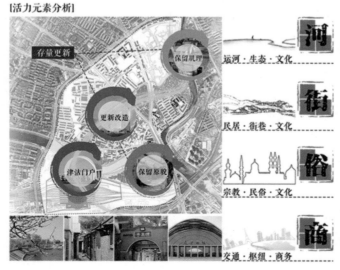

存量更新 保留肌理
更新改造
津沽门户 保留原貌

河 运河·生态·文化

街 民居·街裘·文化

胡 宗教·民俗·文化

商 交通·枢纽·商务

西北门户 + 沽韵津源

津源融新律 沽韵叠今门

### 景观规划策略

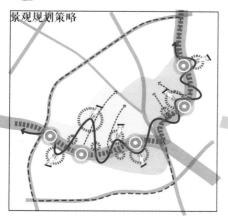

基地内的景观营造以运河为主要轴线向内部渗透。

### 绿地系统规划

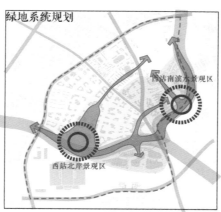

绿地系统规划分为两大景观区，一为西站北岸景观区，二为西沽南滨水景观区。

### 景观节点规划

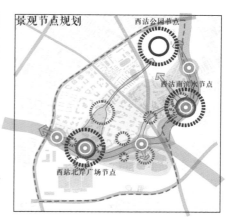

景观节点上依托绿地系统与慢行系统，形成了多点渗透的布局。

### 公共空间与运河关系

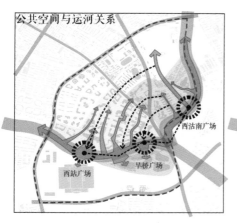

在对基地内部公共空间进行营造时，强调公共空间与运河的关系、与运河建立联系。

### 步行游线规划图

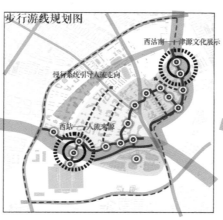

步行流线规划上，将主要人流方向——天津西站的人流通过慢行系统引导并联结各个景观节点。

### 建筑节点布局规划图

结合各地块的现状与功能补足，进行建筑节点的塑造以及建筑空间的营造。

河北工业大学

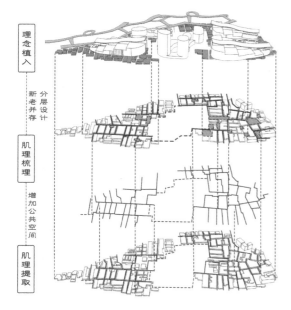

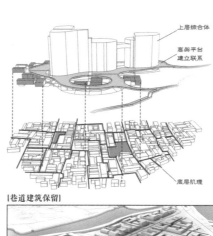

[巷道建筑保留]

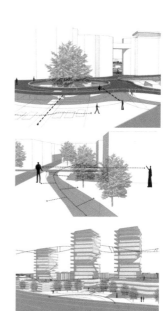

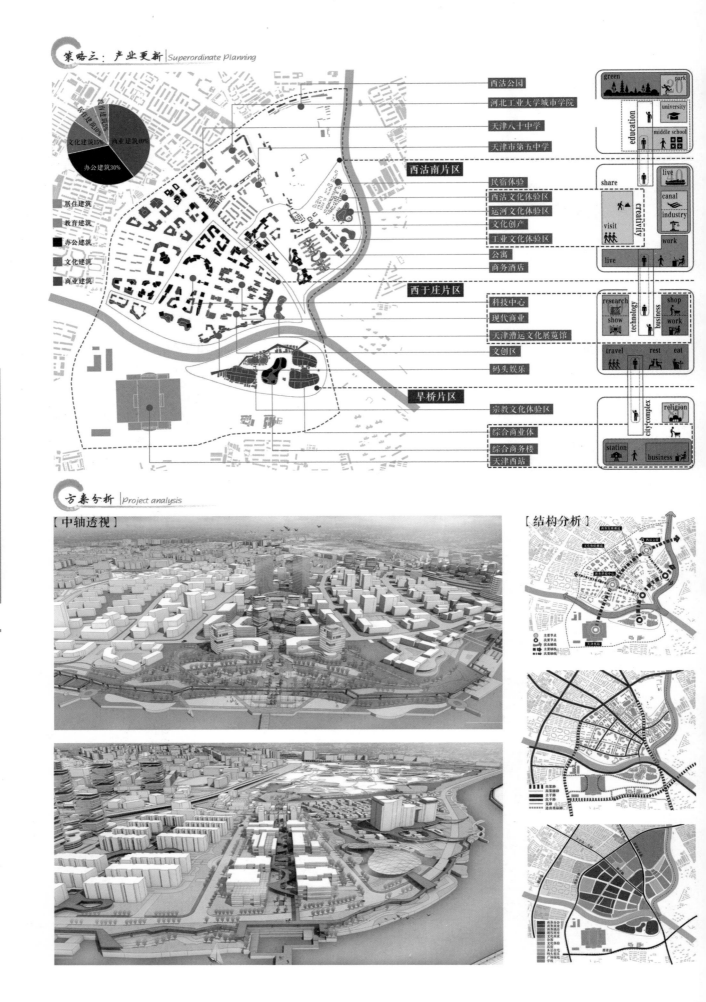

西沽公园
河北工业大学城市学院
天津八十中学
天津市第五中学

**西沽南片区**

民宿体验
西沽文化体验区
运河文化体验区
文化创产
工业文化体验区
公寓
商务酒店

**西于庄片区**

科技中心
现代商业
天津漕运文化展览馆
文创区
码头娱乐

**旱桥片区**

宗教文化体验区
综合商业体
综合商务楼
天津西站

居住建筑20%
文化建筑15%
商业建筑40%
办公建筑30%

居住建筑
教育建筑
办公建筑
文化建筑
商业建筑

方案分析 | Project analysis

【中轴透视】

【结构分析】

研究框架

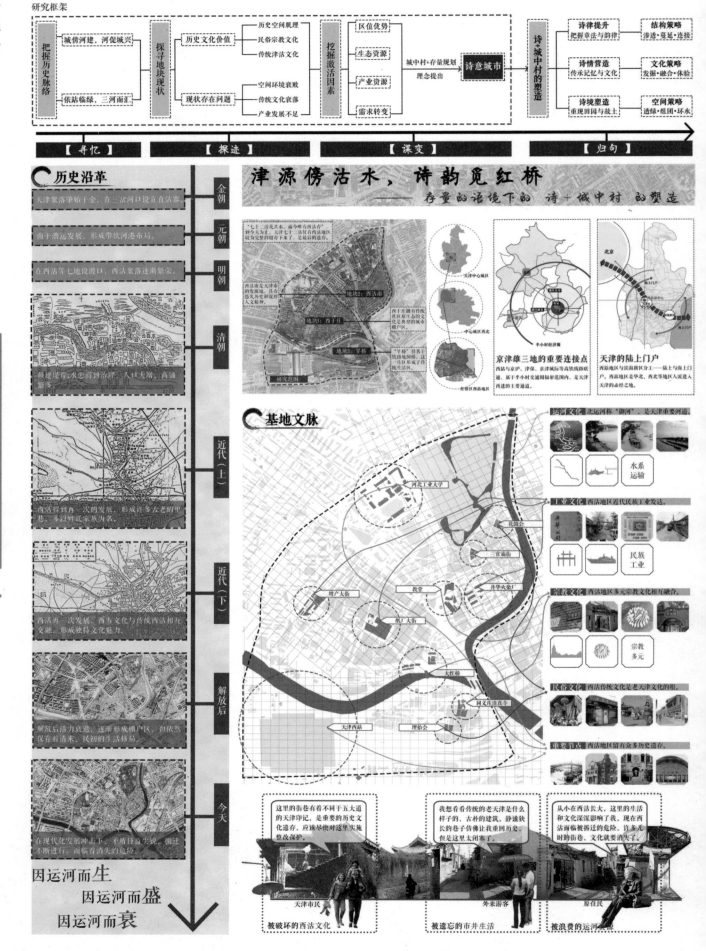

【寻忆】　　　【探迹】　　　【谋变】　　　【归句】

## 历史沿革

| 金朝 | 天津聚落始肇于金，在三岔河口设立直沽寨 |
| 元朝 | 由于漕运发展，形成带状河港布局。 |
| 明朝 | 在西沽等七地设渡口，西沽聚落逐渐繁荣。 |
| 清朝 | 修建堤岸，水患得到治理，人口大增，商铺繁多 |
| 近代（上） | 西沽得到再一次的发展，形成许多古老的里巷，多以姓氏家族为名。 |
| 近代（下） | 西沽再一次发展，西方文化与传统西沽相互交融，形成独特文化魅力。 |
| 解放后 | 解放后活力衰退，逐渐形成棚户区，但依然保存有清末、民初的生活格局。 |
| 今天 | 在现代化发展冲击下，矛盾日益尖锐，拆迁不断进行，面临着消失的危险。 |

因运河而生
因运河而盛
因运河而衰

# 津源傍沽水，诗韵觅红桥
—— 存量的语境下的 诗＋城中村 的塑造

京津雄三地的重要连接点
西沽地区与京津、津保、天津城际等高铁线路联通。处于半小时交通圈辐射范围内，是天津西连的主要通道。

天津的陆上门户
西沽地区与滨海新区分工——陆上与海上门户，西沽地区是华北、西北等地区人流进入天津的必经之地。

## 基地文脉

运河文化 北运河称"御河"，是天津重要河道。
水系
运输

工业文化 西沽地区近代民族工业发达。
民族
工业

宗教文化 西沽地区多元宗教文化相互融合。
宗教
多元

民俗文化 西沽传统文化是老天津文化的根。

重要古迹 西沽地区留有众多历史遗存。

这里的街巷有着不同于五大道的天津印记，是重要的历史文化遗存，应该尽快对这里实施整改保护。
天津市民
被破坏的西沽文化

我想看看传统的老天津是什么样子的，古朴的建筑，静谧狭长的巷子仿佛让我重回历史。但是这里太闭塞了。
外来游客
被遗忘的市井生活

从小在西沽长大，这里的生活和文化深深影响了我，现在西沽面临被拆迁的危险，许多儿时的街巷、文化就要消失了。
原住民
被浪费的运河文化

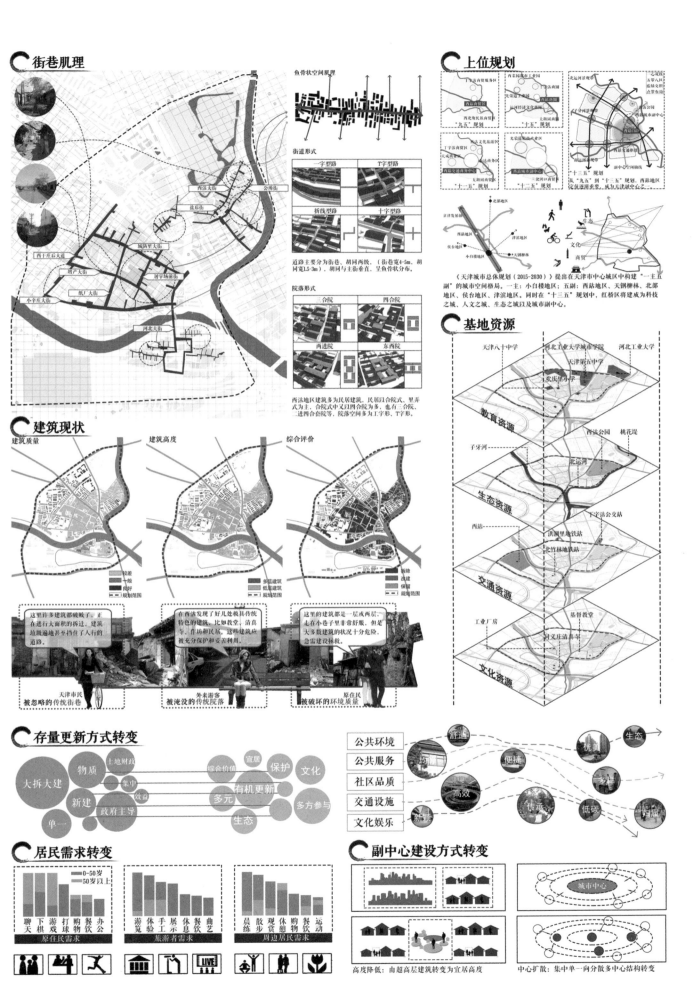

街巷肌理

鱼骨状空间肌理

街道形式

道路主要分为街巷、胡同两级。（街巷宽4-5m，胡同宽1.5-3m），胡同与主街垂直，呈鱼骨状分布。

院落形式

西沽地区建筑多为民居建筑，民居以合院式、里弄式为主，合院式中又以四合院为多，也有三合院、二进四合套院等。院落空间多为工字形、T字形。

建筑现状

建筑质量

建筑高度

综合评价

这里许多建筑都破败了，正在进行大面积的拆迁，建筑垃圾遍地甚至挡住了人行的道路。

天津市民 被忽略的传统街巷

在西沽发现了好几处极具传统特色的建筑，比如教堂、清真寺、作坊和民居，这些建筑应被充分保护和妥善利用。

外来游客 被淹没的传统院落

这里的建筑都是一层或两层，走在小巷子里非常舒服，但是大多数建筑的状况十分危险，急需建设拯救。

原住民 被破坏的环境质量

上位规划

"九五"规划    "十五"规划

"十一五"规划    "十二五"规划

"十三五"规划

"十三五"规划 从"九五"到"十三五"规划，西沽地区越显重要，成为天津城中心区

《天津城市总体规划（2015-2030）》提出在天津市中心城区中构建"一主五副"的城市空间格局。一主：小白楼地区；五副：西站地区、天钢柳林、北部地区、侯台地区、津滨地区。同时在"十三五"规划中，红桥区将成为科技之城、人文之城、生态之城以及城市副中心。

基地资源

天津八十中学    河北工业大学城市学院    河北工业大学

天津第五中学

欢庆里小学

教育资源

子牙河    西沽公园    桃花堤

北运河

生态资源

下西沽公交站

西站

洪澜里地铁站

北竹林地铁站

交通资源

工业厂房    基督教堂

同义庄清真寺

文化资源

存量更新方式转变

大拆大建    物质    土地财政    综合价值    宜居    保护    文化
            集中    有机更新    多元
新建    效益            政府主导        生态
单一                            多方参与

公共环境    舒适            生态
公共服务            场        优美
社区品质            便捷        多样
交通设施        高效
文化娱乐    新颖    传承    低碳    归属

居民需求转变

0-50岁
50岁以上

聊天 下棋 游戏 打球 购物 餐饮 办公
原住民需求

游览 体验 手工 展示 休息 餐饮 曲艺
旅游者需求

晨练 散步 观赏 休憩 购物 餐饮 运动
周边居民需求

副中心建设方式转变

高度降低：由超高层建筑转变为宜居高度    中心扩散：集中单一向分散多中心结构转变

河 北 工 业 大 学

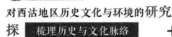

## 设计理念

### 对西沽地区历史文化与环境的研究

探 | 梳理历史与文化脉络 | + | 谋 | 发现地方重塑谋变点

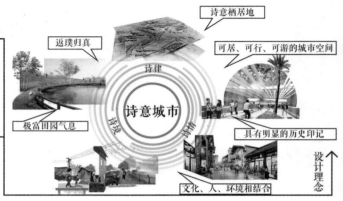

| 津沽摇篮: | "七十二沽花共水，而今唯有西沽存" |
| 南北运来: | 运河在西沽地区发展中具有重要作用 |
| 工商发达: | 历史上的西沽漕运聚集、商贾密集 |
| 肌理显著: | 西沽地区历史上的空间肌理被保留下来 |

| 宏观政策支持 |
| 生态资源优越 |
| 文化资源丰富 |
| 居民需求转变 |

### 对传统高密度城市副中心的反思

| 大尺度: | 大尺度无法给人归属感与安全感 |
| 超高层: | 钢筋水泥森林不适宜人的居住 |
| 高密度: | 推平重建的方式抹杀了历史痕迹 |

突破改变?

| 小尺度: | 保留历史肌理 |
| 低密度: | 创造宜人环境 |
| 高绿化率: | 促进生态建设 |

## "诗意"解读

诗律提升 — 有机更新 — 结构更新

诗情营造 — 文化提升 — 体验旅游
多元并存 和而不同
产业转型 — 特色商业

诗境塑造 — 产业升级 要素注入 — 创意文化
空间整合 — 历史肌理
梳理肌理 提升品质 — 生态空间

设计策略

**传承西沽文化**
提取西沽文化与运河文化元素，并结合休闲农业，打造西沽特色游览区

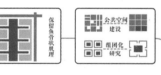

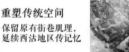

**打造创意产业**
利用原有工业厂房，打造创意文化街区，促进产业升级

**重塑传统空间**
保留原有街巷肌理，延续西沽地区传记记忆

**建立绿脉系统**
打造完整的绿脉系统以达到环水、透绿的生态目标

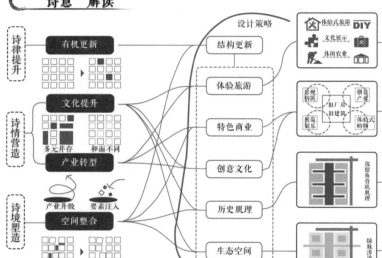

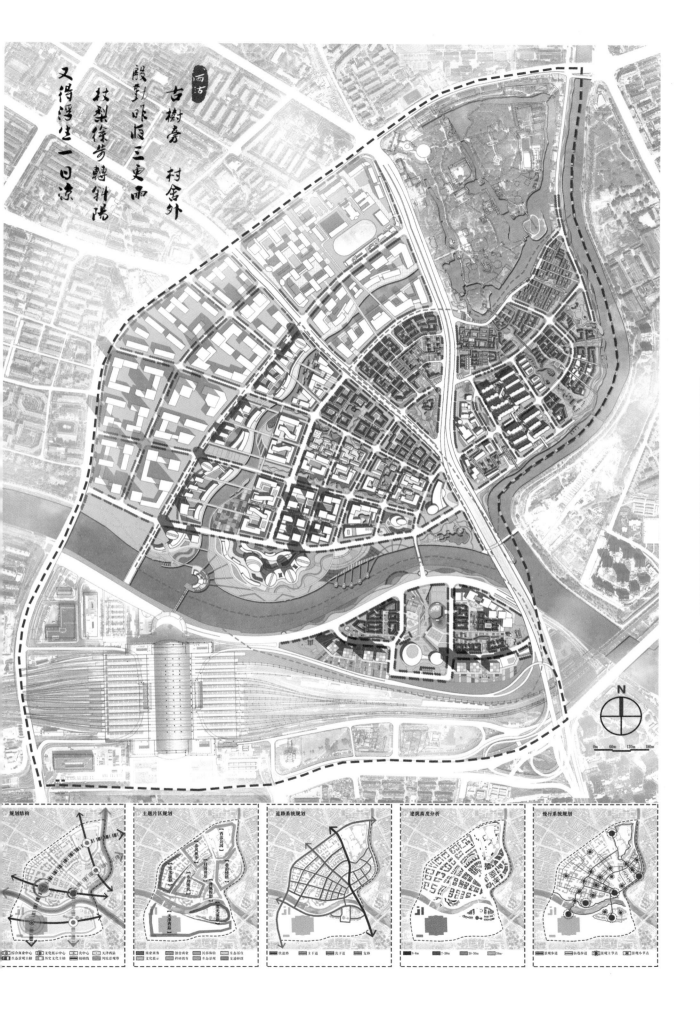

西沽

古樹旁　村舍外
殷勤昨晚三更雨
枝梨徐步轉斜陽
又得浮生一日涼

N

0m 60m 120m 180m

规划结构

主题片区规划

道路系统规划

建筑高度分析

慢行系统规划

## 诗律提升——设计手法

 文
诗意是城市中的文化与气质

 情
诗意是老城浓厚的人情味儿

田
诗意是自然中淳朴的田园气息

筑
诗意是大地古朴的建筑与光影

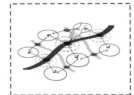

**Activate · 点** STEP1
潜力资源，激发活力，形成活力点

**Activate · 线** STEP2
节点串联，渗透发展，形成共享脉络

**Activate · 网络** STEP3
加强联系，完善系统，形成活力网络

知味市井

烟柳画桥

归园田居

市列珠玑

蔓延绿色脉络 ＋ 重现田园风光 ＋ 划分主题片区

**Link · 水** STEP1
连接自然资源，形成完整城河体系

**Link · 城** STEP2
连接城市核心，创造便捷城市联系

**Link · 街** STEP3
连接组团，形成依托绿脉的生活网络

叶子
形态
叠加

叶子形态

叶子形态 → 叶子脉络

叶子
脉络
蔓延

提取叶子形态作为结构立意
以叶脉为轴线进行结构规划

模仿叶子脉络形成基地结构
以绿为脉划分功能组团

**Integrate · 资源** STEP1
周边资源，分类整理

**Integrate · 廊道** STEP2
突出重点，构建廊道带动发展

**Integrate · 主题片区** STEP3
资源整合，片区差异化发展

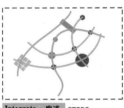
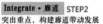
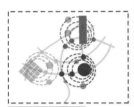

## 诗情营造——活动流线

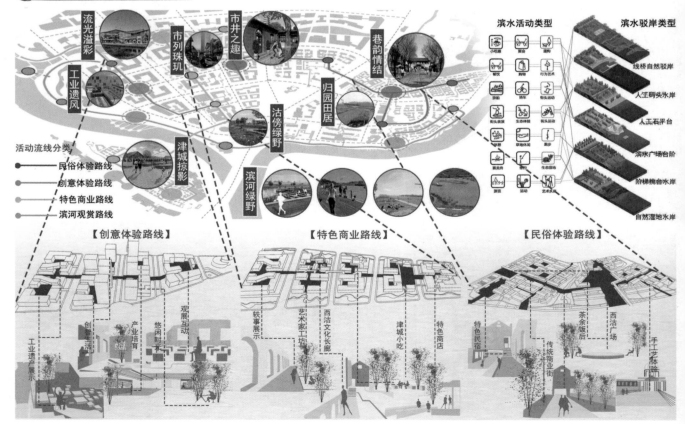

流光溢彩

市列珠玑

市井之趣

巷韵情结

工业遗风

沽傍绿野

归园田居

津城掠影

滨河绿野

滨水活动类型

滨水驳岸类型

活动流线分类
- 民俗体验路线
- 创意体验路线
- 特色商业路线
- 滨河观赏路线

线桥自然驳岸
人工码头水岸
人工石平台
滨水广场台阶
阶梯跌合水岸
自然湿地水岸

【创意体验路线】 【特色商业路线】 【民俗体验路线】

工业遗产展示 创智时光 智慧生活 产业培育 悠闲时光 观展互动

轶事展示 艺术家工坊 西沽文化长廊 津城小吃 特色商店

特色民宿 传统商业街 茶余饭后 西沽广场 手工艺体验

## 诗境塑造——空间分析

**传统生活街区**

**改造院落空间**

围合成院 | 化零为整

将零散却整齐的房子围合成完整的院落 | 填补现状建筑的空缺形成完整的院落空间

**保留街巷肌理**

保留原有的鱼骨状街巷肌理，对部分院落进行改造，拆除部分较差房屋形成邻里公共空间。

**院落空间**
封闭空间：晒太阳/闲坐/种植等安静活动

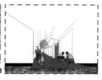

**街巷空间**
较开放空间：闲聊/下棋/通过等较安静活动

**商贸文化街区**

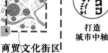 
**打造城市中轴**

中轴两侧建筑凹凸错动，将自然景观融于其中；在强调主要流线的同时注重向周围地块的视线和可达性引导。

**广场空间**
开放空间：跳舞/健身/散步等休闲活动

**营造商业街区**

强化联系 | 细化节点

强调主要流线，加强各个节点间的联系 | 细化组团院落内部，增加流线的趣味性

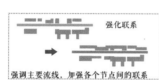

**公园空间**
开放空间：健身/野餐/玩耍等休闲活动

**联系自然资源**

路网规划强调垂直朝向自然景观，加强视线和可达性上的联系，使滨河景观更好的渗透进地块内部。

子牙河 | 北运河

  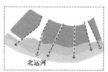

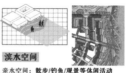
**滨水空间**
亲水空间：散步/钓鱼/观景等休闲活动

## 诗境塑造——景观分析

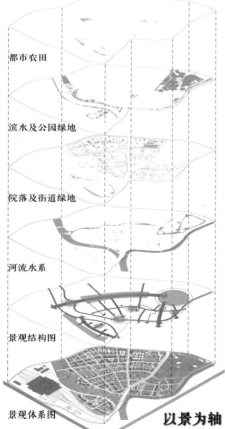

都市农田

滨水及公园绿地

院落及街道绿地

河流水系

景观结构图

景观体系图

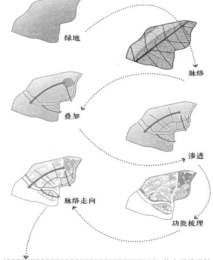

绿地
脉络
叠加
渗透
脉络走向
功能梳理

现状水系
连通
渗透
成网
脉络走向
节点扩大

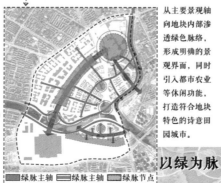
**以景为轴**

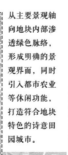
从主要景观轴向地块内部渗透绿色脉络，形成明确的景观界面，同时引入都市农业等休闲功能，打造符合地块特色的诗意田园城市。

**以绿为脉**

绿脉主轴 | 绿脉主轴 | 绿脉节点

**环水生岛**

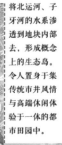
将北运河、子牙河的水系渗透到地块内部去，形成概念上的生态岛。令人置身于集传统市井风情与高端休闲体验于一体的都市田园中。

河流 | 水脉渗透 | 水脉节点

# 天津城建大学

·河　　北　　工　　业　　　大　　　学
·天　　津　　城　　建　　　大　　　学
·北　　京　　工　　业　　　大　　　学
·北　　京　　工　　建　　业　筑　大　学
·河　　北　　农　　业　筑　　大　　学
·河　北　建　筑　工　程　　学　院
·河　北　北　工　程　　　大　　学
·吉　　林　　建　　筑　　　大　　学

# 指导教师感言

　　我很荣幸能参与本次的京津冀城乡规划专业"X+1"联合毕业设计工作，遗憾的是由于家庭原因，中期汇报之后我对本组同学的指导比较少，对同学们说句抱歉！我个人一直认为设计课程的选题非常重要，选好题目整个课程就成功了一半。而本次联合毕设的选题，包含了"历史风貌区保护"、"城中村"和"城市更新"等丰富的内容，在理论上具有相当难度；同时规划用地在上位规划中定位为"天津城市副中心"，而却由于种种原因多年来难以实现，这说明本项目具有相当的实践难度。这个题目对于所有同学都是个挑战，令人惊喜的是，各个学校的同学都提出了视角独特的问题解析和解决方案。对于毕业年级来说，知识的学习已在其次，更重要的是独立思考的能力，从这个意义上说，本次的联合毕设达到了各校同学充分展示自我、交换思想和开阔视野的目的。

**杨向群**

　　毕业设计的课程引导导向是什么是作为指导教师在教学环节中需要考虑的第一个问题。而毕业设计作为学生角色向职业角色转变的媒介，承担着由学校走向社会，由理论走向实践，由技术走向如何去实施的诸多任务。幸运的是，同学们在此次毕业设计中，从"西沽片区"、"高铁站辐射影响区"、"历史保护"、"城中村"等纷繁复杂的词语中选择了"人本主义"的视角去面对原住民、政府和开发建设者的不同需求，以"朔源津沽，绿脉·融城"为题进行了系统全面的详细设计。京津冀"X+1"联合毕业设计为同学们提供了开拓视野的平台，有助于思维交流和碰撞，知识和技能的充分展示。期待未来的联合毕业设计更加精彩。

**孙永青**

# 学生感言

袁晓光：很荣幸能够参加这次的京津冀城乡规划专业联合毕设，收获良多。首先要感谢老师和队友其间给予的指导和帮助，这是我能顺利完成毕设的重要原因。也要感谢别的学校的同学，在和他们的交流中，我的思维和视野都得到了拓展。还有评委老师们，他们每次的点评都能让我发现方案中的不足，于我而言，如醍醐灌顶。最后我还想谈谈我对这次毕设的想法，在我看来，城市是一个庞杂的综合体，涉及人口、产业、空间、交通、建筑、景观等诸多方面，人为地去梳理这些成分间的关系具有一定的主观性、片面性和局限性，反而城市长久时间所形成的城市形态更能反映城市内在运行的规律，善于探究这些规律会对城市规划带来很大的帮助。

付旭昊：很荣幸能参加这次京津冀城乡规划联合毕设。首先要感谢这次活动，让各个学校能有缘相聚在天津。其间我们相互交流，相互学习，无论在专业知识还是设计经验方面都得到了很好的交流和有效的提升。从这次联合毕设的调研再到成果展示的过程中，我收获了更多关于城乡规划的方法及策略，拓展了思路。在此我还要感谢指导老师对我们的悉心指导，与老师一同进行城市设计所学到的思维模式与思考方式是这次毕业设计的最大收获与财富，使我终身受益。还要感谢与我一同参加这次活动的同学，遇到困难时大家一同努力解决，不懂的问题大家一起商量，同组同学讨论时的许多观点也让我拓展了思路，对方案有了更深的理解。

胡若涵：特别幸运能够参加这次京津冀城乡规划联合毕设，让来自不同高校的小伙伴相聚在这里，感谢这样的一个机会，让大家有缘相聚在天津。毕设过程不会一帆风顺，其中充满笑与泪。整个过程中，我想感谢我的指导老师及队友。老师的指点、队友的鼓励，让我在专业知识和设计经验方面都得到了提升。从开幕式到结束，从调研再到成果呈现，思路越发清晰，设计慢慢完善。在与老师一同进行城市设计的过程中，在与不同高校的交流和思维碰撞中，我的思维模式与思考方式得到了提升。最后，非常感谢与我一同参加这次活动的同学，感谢一路上帮助我的所有人。这次毕设使我受益匪浅，希望未来能更加努力！

邱雨桐：机缘巧合被分到京津冀"X+1"联合毕设组，却正是我所希望的。从开题到调查研究，到中期汇报，再到最后出成果最终汇报，一路走来获益颇丰。与其他八所高校互相切磋学习的过程，给我提供了更多的思路，更多的规划思考切入点。由于校内两组的规划思路也有所不同，一组是以形态学为出发点，一组是分专题提出多种规划模式，我们互相也有学习。在设计不断完善的过程中，我对现今城市规划的矛盾之处也有了更深的认识，比如为什么前版控规中对西沽地区"城市副中心"的定位难以实现，规划师更应该扮演什么角色，以及如何畅想、落实、论述大胆的规划想法。

杨　波：十分幸运能有机会参加这次联合毕业设计。对于这次获得优胜奖的结果，之前是没有想到的。能在大学生涯尾声的时刻，留下这份记忆真是十分开心。能有这次设计的成果，首先要感谢我们的导师几个月来的点拨指导，其次要感谢我的同伴们的努力和付出。能有这次收获，从前期的调研准备工作我们就做得十分充足，这为我们后期的设计提供了可靠的依据。在中期汇报时期，也感谢专家们给予的指导，使得方案的一些不足之处得以完善。从前期研究到后期成果一步步完成的阶段，大家一次次的讨论，一次次的磨合，使得一个设计真的融合进所有人的智慧。尽管我们的设计离完美还有很远的距离，但是我们提出了一种思路，并且沿着这个思路把方案一步步推导出来，我觉得这是我们最大的收获。希望以后能多有机会参加这样的活动，提高自己各方面的能力。

赵　骞：在这次联合毕设的过程中，我重新对城市设计有了更进一步的认知，从对城市整体的思考到对空间的设计引导，逻辑上的联系与贯彻始终是个直观的难题。现状调研问题，用已有理论应用分析，进而对空间设计引导是我们思考的方向。讨论过程中，组内每个同学的思考方式、工作习惯都让我受益匪浅。临近毕业，虽然每个人都在忙碌不同的事，讨论的过程中虽然会有碰撞，但大家始终对这次联合毕设认真对待。这也让我很受鼓舞，希望毕业后大家都能顺利。

童寒月：我很高兴能参与本次的京津冀城乡规划专业"X+1"联合毕业设计。近三个月的毕业设计，一路走来，感受颇多。首先衷心感谢我组的指导老师孙永青老师的悉心教导，感谢小组成员对我在合作中所做不足之处的谅解。每一次汇报，在和其他学校同学的交流中，以及各位专家的点评中，我都学到了很多，思维和视野也得到了拓展。除了收获到了很多专业方面的知识，我还深刻了解到设计和科学一样，是一个严谨的行业。我深知我在此次方案中有很多不足之处，在日后的工作中我会时刻以严谨认真的态度对待每一个任务。方案的不足之处，亦请大家谅解和指正。

**谭　毅：**参与此次课题之初，我们对于"存量语境下的旧城有机更新"的题目认识仅仅是浮于表面的，出于感性上的理解占多数，诸如旧城的多样、富有趣味的空间形态是我们以前就有所接触和了解的。在整个课题的设计中，我们经历了一个较为完整、系统的学习过程。前期准备工作分为多个阶段，翻阅资料、总结案例以及问题、调查现状、完成调研报告，再次提出问题。方案阶段又经历了方案构思、多方案比较讨论、方案的评定、敲定方案。最后经历方案的再次推敲、完善、细化、成图，得到了我们的结果。在短短半个学期的时间中，我们一同走访、询问街区居民，与同学、老师探讨，一起经历了很多激烈的争论和开心的欢笑，最后在同心协力下，完成了此次课程设计。虽然值得我们回味和深思的是完成方案的结果，但整个过程使我们了解到课题所涉及的城市再生和城市的社会、文化、经济等更深层次和更理性的问题。因为这个过程，我们学到了一种严谨的研究设计方法。因为这个过程，让我们真正了解到交流与团队合作的重要性。

　　这是一次让我们永远难忘又终身受益的经历！

# 释题与设计构思

## 释题

　　天津这个城市的实际边界，总是比头脑中的认知地图要小。为什么？因为城市中具有活力的兴趣激发点不够，居民的移动性较低，生活范围也相应地比较小。西沽地区就是我们很多在天津生活的师生多年来都没有涉足过的一个地方。当我们最终走进这片天津发源地的最后遗存，看到西于庄、旱桥地块的拆迁基本完成，西沽南地块仍有居民居住并处在拆迁前夕，不禁思考这样两个问题：

　　（1）我们到底要保护什么？是岌岌可危的几处建筑质量不高的四合院？是现存的"老天津生活方式"？是几十年遗留的树木？是低层高密度的城市肌理？

　　（2）这个地区如何承担"城市副中心"的功能？靠盲目增加市场上已经过剩的高层写字楼？靠巨大的绿化轴线？靠增加市场喜欢的住宅？

　　我们的设计团队从两个方向进行了探讨：一个比较传统，从分析现状入手，以问题为导向，寻求一个最优解，并通过一个自上而下的程序贯彻，以实现预想的理想愿景；另一个比较激进，预设了一个研究框架，试图以城市形态作为理解社会文化和城市空间的关键，带着不确定答案的心态介入项目。

　　按照指导老师的设想，最终的成果可能一个团队是城市设计的标准图纸，另一个是一种本地区的发展策略和操作手册。遗憾的是，最终的成果两组仍然是中规中矩的各种图纸，而中期评图确立的一些思路并未得到贯彻。这固然与学校对毕业设计成果的要求有关，但也说明创新的思维如果没有坚实的知识和工作基础，就很难落地。无论如何，我们都认为，这个思考的过程对学生走入职业生涯之前都是不无裨益的。规划，并不是对一个预想的成果的简单描绘，而是对预定目标不断接近、不断调整的一系列行动。

# 设计构思

## 方案一：溯源津沽，绿脉·融城——人本主义视角下天津西沽地区城市更新
**设计者：邱雨桐，杨波、赵骞、童寒月、谭毅**
**指导教师：孙永青**

　　我们首先对西沽地区的历史沿革和文化文脉进行充分的文献资料研究，以及现场走访调研，在对"西沽"、"西站"、"运河文化"等关键词有了一定的理解之后，五个人分六个专项进行研究，分别是：从西站高铁站到共享单车的交通方式，以及高铁站对片区影响的交通专项研究；如何使西站的年均1000万客流量不单单成为过境人流的产业专项研究；不同人群对居住环境、工作环境的需求有何区别的社区专项研究；如何延续西沽运河历史文脉，保护继承传统民居建筑和民俗文化的文化专项研究；如何构建真正意义上的"绿色、宜居家园"的生态专项研究。对此我们研究了大量案例，提出了多种规划模式。

　　在做了大量专项研究的基础上，我们更加看重的，首先是城市设计，或者说城市规划不应该单纯做一个"蓝图式"规划，更应该提出多种"模式"，让片区的发展方向更加自由。其次就是如何协调以及实施，我们不应忘记规划人真正应该扮演的"多方利益协调者"角色，在不突破公民基本权利上下限的前提下，自下而上进行协调开发。

## 方案二：西沽再生长——基于城市形态学下的天津西沽地区城市设计
**设计者：袁晓光、胡若涵、付旭昊**
**指导教师：杨向群**

　　城市形态是理解人的活动与城市空间之间关系的关键，它体现了城市系统的结构规律。因此，我们从城市形态学的视角去解读、分析西沽，并寻找城市更新设计的新思路。在对现有控规和现状城市形态进行对比时，我们发现西沽现状是典型的非规划的"树叶形"形态，特征是开放、互联、复杂、分形。而现有规划将西沽形态的复杂性和连接程度进行了简化，从而彻底擦除了历史脉络和记忆。

　　我们通过城市形态学的方法，对现状城市形态进行了深入的分析，得出了以下几条城市设计原则：延续原有的城市肌理，做嵌入式的规划；强化滨河空间；组织窄路密网的道路交通体系；布置围合式的建筑组团；打造功能混合的街区模式等，并依据这些设计原则进行了西沽地区的城市设计。以滨河地段为发展触媒轴线，作为开发起点，另外组织核心发展轴线带动整个片区发展。

## BACKGROUND AND THINKING ANALYSIS
### 背景解析

溯源津沽，绿脉·融城
人本主义视角下天津西沽地区城市更新

**规划范围研究**

研究范围：北至光荣道，西至西站北大街，东至北运河，南至西青道。
规划范围：北至五中后大道，西至西于庄后大道、红桥北大街，南至天津西站北侧。西沽、西于庄、桑桥（总称西沽）片区位于天津市红桥区。用地位于天津市红桥区东部子牙和与大运河交汇处，西站城市副中心内。

**城市区位研究**

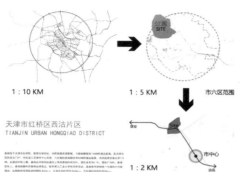

1：10 KM          1：5 KM          市六区范围

天津市红桥区西沽片区
TIANJIN URBAN HONGQIAO DISTRICT

1：2 KM

以子牙河、北运河为水系景观脉络，借助自然生态优势，依水而建的城市肌理，加强城市与自然的联系，将城市与自然融合，增加城市的活力与灵动。

以西沽历史为文化内涵，传承和弘扬天津特色文化，让当地人留下记忆的烙印，为外地人传播天津的起源地的历史，提升该区域的历史文化底蕴，让更多人融入其中。

政府支持，整体打造西站副中心，在高速铁路带来的人流、信息流、技术流、资本流的交互下，产生的人口和经济的集聚，为区域活力提供助力。

片区丰富的轨道交通资源，为片区的发展带来无限可能，天津西站连接省级区域之间的交流沟通，地铁1号与6号线的站点增加城市内的可达性。

## MASTER PLANNING ANALYSIS
### 上位规划分析

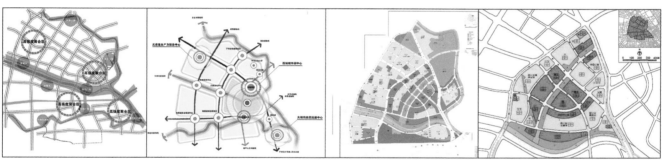

2008版同济红桥区整体城市设计          2011版西沽片区控规          2013版西于庄控规

　　本次项目位于天津市红桥区西沽片区，在《天津市城市总体规划》被定位为城市未来的副中心，项目的城市用地极具开发价值，所以在进行此次设计时，在关注生态休闲理念的同时，也需要重点考虑地块的经济价值。做到对于存量资源的合理利用。

　　本次设计上位规划参考2011版西沽片区控制性详细规划以及2013版西于庄控制性详细规划，对城市用地性质进行了局部细化调整，基于西沽现实问题和人本主义视角，对西沽地区进行个角度的研究，探讨适合西沽地区城市的规划和开发模式。

## DESIGN CONCEPT AND TECHNICAL ROUTE
### 设计理念和技术路线

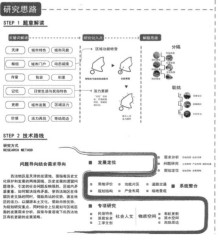

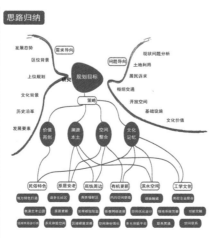

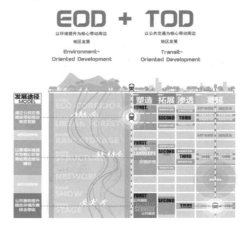

朔·津沽，绿脉·融城

—— 人本主义视角下天津西沽地区城市更新

## 现状产业评估

### 现状产业发展评估

| 门类 | 生活服务类 | | 公共服务类 | | | |
|---|---|---|---|---|---|---|
| 具体类型 | 零售类 | 居住服务类 | 住宿和餐饮类 | 教育类 | 卫生和社会工作类 | 公共管理类 |
| 发展环境 | | ++ | ++ | +++ | +++ | ++ |
| 产业规模 | +++ | ++ | ++ | ++ | ++ | + |
| 产业效益 | + | + | ++ | +++ | ++ | + |

### 产业汰留结果

**保留产业**：教育类 公益类 公共管理类 餐饮类

**升级产业**：零售类 居住服务类

**更替产业**：制造业

提高现有教育类、公益类、公共管理类、餐饮类等公共服务类产业的整体服务水平与空间品质，营造更佳的服务水平。

可对零售类、居住服务类等生活服务类产业进行升级，在原发展方式上继续扩充服务方式，丰富服务层次。

在产业园区中加入制造业，丰富园区功能。

## 产业协调与粗选

| Ⅰ.京津冀联动产业 | Ⅱ.西站辐射产业 | Ⅲ.红桥区周边资源 |

| | 京津冀产业联动 | 西站辐射产业 | 红桥区周边产业 | 合计 |
|---|---|---|---|---|
| 文化创意产业 | +++++ | +++++ | +++++ | ++++++++++++++ |
| 科技创新产业 | +++++ | ++++ | +++++ | +++++++++++++ |
| 商务商业产业 | ++++ | +++ | ++++ | +++++++++++ |

## 红桥区产业数据

| | GDP(亿元) | GDP增速 | 区级财政收入(亿元) | 固定资产投资(亿元) |
|---|---|---|---|---|
| 红桥区 | 196.00 | 9.00% | 27.60 | 177.00 |
| 河东区 | 306.51 | 8.60% | 54.57 | 150.69 |
| 河北区 | 412.13 | 8.20% | 57.13 | 155.30 |
| 南开区 | 587.00 | 7.40% | 66.56 | 160.50 |
| 河西区 | 765.49 | 8.40% | 85.04 | 234.00 |
| 和平区 | 784.93 | 8.00% | 97.61 | 164.05 |
| 红桥区排位 | 6 | 1 | 6 | 2 |

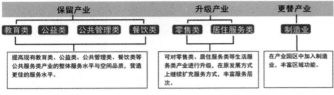

2017年天津中心城区地区生产总值（单位：亿元）

## 产业细分与遴选

**科技创新产业细分与遴选**
结合轨交优势与河流生态景观等发展契机，打造与快速轨道交通相适配的科技创新产业及服务产业。

**文化创意产业细分与遴选**
结合西沽历史文化和河北工业大学等高校文化，打造工学文创中心和文化服务产业。

| | 地块特点 |
|---|---|
| 区位资源 | 城市副中心 |
| 文化资源 | 西沽历史文化悠久 |
| 景观资源 | 河道提升能力大；生态资源丰富 |
| 交通资源 | 毗邻枢纽，2条地铁线，通达便利 |
| 人群资源 | 老龄化严重 |

| | 地块特点 |
|---|---|
| 区位资源 | 城市副中心 |
| 文化资源 | 高校历史文化结合当地文化 |
| 景观资源 | 西沽公园结合河道景观文化 |
| 交通资源 | 景观结合慢性交通 |
| 人群资源 | 高校带来青年人才 |

## 产业生态圈

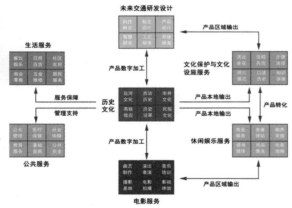

产业业态特征

知识 + 人才 + 产业
创新 + 共生 + 传承

## 融资模式

### PPT模式

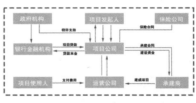

PPP 模式（Public-Private-Partnership，即"公共部门 - 私人企业 - 合作"的模式），是一种优化的项目融资与实施模式，以各参与方的"双赢"或"多赢"作为合作的基本理念，政府针对具体项目特新建一家项目公司，并对其提供扶持措施，然后，项目公司负责进行项目的融资和建设，融资来源包括项目资本金和贷款；项目建成后，由政府特许企业进行项目的开发和运营，而贷款人除了可以获得项目经营的直接收益外，还可获得通过政府扶持所转化的效益。

### BOT模式

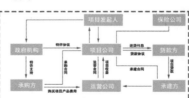

BOT（Bulid-Operate-Transfer，即建造—运营—移交方式），实质上是基础设施投资、建设和经营的一种方式，以政府和私人机构之间达成协议为前提，由政府向私人机构颁布特许，允许其在一定时期内筹集资金建设某一基础设施，并管理和经营该设施及其相应的产品与服务。其最大的特点就是将基础设施的经营权有期限抵押以获得项目融资，或者说是基础设施国有有项目民营化。

### BT模式

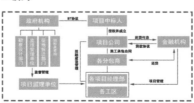

BT（Build — Transfer，即建设 - 移交融资模式），是基础设施项目建设领域中采用的一种投资建设模式，系指项目发起人通过与投资者签订合同，由投资者负责项目的融资、建设，并在规定时限内将竣工后的项目移交项目发起人。项目发起人根据事先签订的回购协议分期向投资者支付项目总投资及确定的回报，是BOT的一种变换形式。

溯源津沽，绿脉·融城
——人本主义视角下天津西沽地区城市更新

## 1 交通空间格局演变

**1739年**
由漕运中转引发的陆路交通使西沽成为入京大道的重要节点。水路和陆路的兴盛，交通以步行空间和水运空间为主。

**1911年**
1911年津浦铁路通车，交通运输方式的转变使大运河逐渐遑废。步行空间依然是主导。

**1990年代**
汽车的普及，大量公路兴建，机动车交通取代了步行。道路空间呈现高效，顺畅，快速。

**2006年**
地铁1号线的运营，公共交通的发展取得了重大突破。同时机动车的增加，西沽的交通通行频率加大，交通流量加大。交通空间更加复杂，更多的矛盾出现。

**2011年**
新的天津西站于2011年6月30日与京沪高速铁路同步投入使用。是天津市最大的客流枢纽。至2018年客流量突破1000万人次每年，将形成聚集效应，给西沽的交通空间带来重大的影响。

## 2 区域交通可达性分析

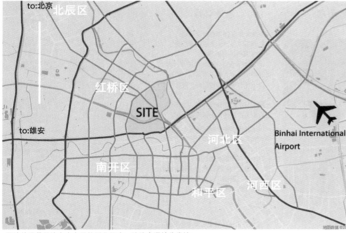

to:北京
北辰区
红桥区
SITE
to:雄安
河北区
南开区
和平区
河西区
Binhai International Airport

西沽片区是天津市内六区的西北门户，陆路交通较为发达。
向北：通过天平路和京津路可到达武清新城，继续向北到达北京；
向南：通过子牙河南路和红桥北大街可到达天津市中心地区；
向西：通过西青道和丁字沽三号路，再通过G18高速公路可到达雄安新城；
向东：通过北横快速路和外环东路可到达滨海国际机场。

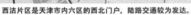
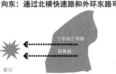 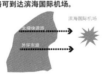 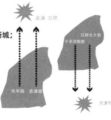 

## 3 现状分析

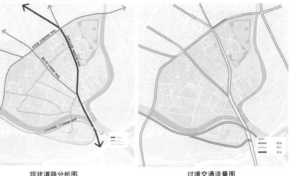

现状道路分析图　　　　过境交通流量图

现状交通通达性分析　　　　现状建筑空间占比分析

## 4 交通设计理念

### 4.1 活力街道

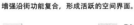
增强沿街功能复合，形成活跃的空间界面。

商业与生活服务街道建筑底层应设置积极功能，形成相对连续的积极界面，单侧店铺密度宜达到每百米7个以上

街道环境设施便利、舒适，适应各类活动需求。

沿街种植行道树，设置建筑挑檐、骑楼、雨棚，为行人和非机动车遮阴挡雨。非交通性街道沿街应设置公共座椅及休憩节点，形成交流场所，鼓励行人驻留。

 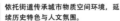
街道空间有序、舒适、宜人。

依托街道传承城市物质空间环境，延续历史特色与人文氛围。

### 4.2 智慧街道

智能集约改造街道空间，智慧整合更新街道设施。

走路发电的智能设施

普及智能公交、智能慢行，促进智慧出行，协调停车供需。

实现街道监控设施全覆盖、呼救设施定点化，提高安全信息传播的有效性。
街道为可再生能源的使用提供了空间

设置信息交互系统，促进街道智慧转型。

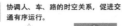

溯源津沽，绿脉·融城
——人本主义视角下天津西沽地区城市更新

## 4.3 绿色街道

 集约、节约、复合利用j街道旁土地与空间资源，提升利用效率与效益。

 倡导绿色出行，鼓励步行、自行与公共交通出行。

提升街道绿化品质，兼顾活动与景观需求，突出生态效益。

对雨水径流进行控制，降低环境冲击，提升自然包容度。

## 4.4 安全街道

 协调人、车、路的时空关系，促进交通有序运行。

 维持街道的人性化尺度与速度，社区内部街道宁静共享。

对于路网较为密集的公共活动中心、居住社区和产业社区，可对支路以30公里每小时作为设计限速。

为行人提供宽敞、畅通的步行通行空

| 人行道类型 | 步行通行区宽度建议 |
|---|---|
| 临围墙的人行道 | 1.5～2米 |
| 临非积极街墙界面人行道 | 3米 |
| 临积极界面或生意较交流较前沿人行道 | 4米 |
| 主要商业街，以及其交叉路口周边 | 5米 |
| 主要商业街面结合休息设施的位置 | 6米 |
| 主、次干道两侧人行道 | 加宽0.5～1米 |

# 5 街道分类模式引导

| | 街道分布 | 断面设计 | 形象示意 | 设计引导 |
|---|---|---|---|---|
| 中央大街 |  |  |  | ·中央大街是该项目联系高铁车站和西沽公园的主要轴线廊道。<br>·应有70%的界面墙<br>·大街中节点空间有横向的步行街道向两侧疏导人流，进入地块内部。<br>·街道上还有中央绿地空间，适合小型聚会，午餐和休憩。<br>·两侧有小的遮荫座椅区，非常适合做为广场商店的顾客休息区。 |
| 商业街道 | |  | | ·街道沿线以中小规模零售、餐饮等商业为主，具有一定服能及或业态特色的街道。<br>·其中服务范围是地区及以上规模、业态较为综合的商业街到为综合商业街道，餐饮、专业零售等单一业态的商业街为特色商业街道。 |
| 生活性服务街道 | |  | | ·服务性街道提供主要停车场和服务出入口。这些街道提供上停车以及为了减少雨水径流而设计的图景区<br>·应有50%的界面墙<br>·图景区设在建筑正面 |
| 景观休闲街道 | |  | | ·滨水、景观及历史风貌特色突出、沿线设置集中成规模休闲活动设施的街道。<br>·设置立体绿化，增加绿视率。 |
| 交通性街道 | |  | | ·以非开放式界面为主，交通性功能较强的街道。<br>·两边的步行带和非机动车交通也以通行功能为主。 |
| 综合性街道 | |  | | ·综合性街道界定了主要建筑的入口点，而首层的商业和街道家具使其活跃起来。<br>·需设首层商业<br>·主要建筑出入口<br>·应有70%的界面墙<br>·宜设街道家具 |

# 6 交通体系设计

## 6.1道路分析

- 城市快速路对道路交叉口有所限制，以保证快速交通不受干扰。
- 主干道承载着大量的交通流量，分散城市各区之间的交通。
- 次干道分散支路上的交通流量，并将其引向主干道。
- 支路将有总通路长度的90%，但只承担不超过10%的交通流量。

## 6.2骑行线路
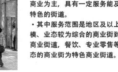
- 在西沽地区创建一个方便的自行车网格
- 大多数街道应当有自行车专用车道。道路铺画应有清晰的自行车标示。
- 所有的自行车道应明确标示、标号与标志。
- 在次干道、支路等设置自行车道，方便人们多种选择的出行

## 6.3步行体系
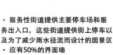
- 本方案设计了几种特色的步行体系，克服城市不同人群的步行体验需求。
- 中央步行大街疏散青站后广场大量人流，引导人流进入地区内部。

## 6.4公交体系

- 大幅度改善西沽地区的公交路网，同时应有方便的公交线路网。
- 主要公交网路有专用路及导号优先系统，并通过延误评估提高站的准点率。
- 其公交车站的设计应以方便公交车辆的进出与停靠的上下，以减少公交进出车的延误，公交站应有方便行人的步道联系及安全和舒适的车站设施。

## 6.5轨道交通

西沽地区将建设轨的目的为：
- 提供舒适容易、更快速、舒适与可更节点方便的公交服务。
- 让通勤者、居民和观光者可使用公交系统，而不需开车出西沽。

## 6.6停车系统

- 本地区的主要出入口主要通过西沽社区街道解决。在进入该地区后，可以通过内部的一条环路系统缓解对内的交通压力。
- 达的内部支路既可以形成有利的步行空间，又可以缓解对主干道的交通压力。
- 在公交及性高的地区，停车位的提供应有一定的限制。

# 溯源津沽，绿脉·融城

——人本主义视角下天津西沽地区城市更新

## 目标理念

目标：包容住区　宜人城市

理念：在天津未来的城市副中心，设计包容城市各层居民，居住宜人的住区。

## 社区公共空间

活动区：

1~2个完整的广场，便于开展活动。不距楼太近，以免影响休息。将高大落叶乔木重点种植在跳舞场地东西两侧，保证夏季场地早晚大部分时间处于阴影中，冬季由于树叶掉光而有较好的阳光照射。

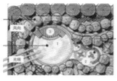

## 人群分类分析

- 原居安老：
适合健康老人、病残等需要照顾的老人需要足够医疗、护理，街巷交流场所。

- 新型社区养老：
适合高知、身体健朗老人
住区空间相对于子女独立
以上两种养老方式均需满足：
· 医疗配套
· 户外交往空间
· 无障碍通行
· 文娱活动场所

- 青年白领长租公寓：
靠近中心商务区规划。
适合工作5年以内的独身青年、青年情侣。
以小户型为主、文娱设施多样。

- 高品质住区：
适合独身中年、丁克家庭、两代家庭
区位优势明显、景观别致、临河视野丰富

1.养老社区　　2.青年公寓　　3.高品质住区

意向图

## 老年社区空间模式

| 配套设施 | 三级（单细胞） | 单位面积（m²） |
|---|---|---|
| 社区会所 | 急救站 | 100 |
| | 品茗室 | 100 |
| | 博弈楼 | 200 |
| | 藏书阁 | 100 |
| | 量贩屋 | 100 |
| | 物业服务中心 | 100 |

## 青年公寓室内外空间模式

### 室内空间

### 室外空间

立体化

围合空间

商业布局

溯源津沽，绿脉·融城
——人本主义视角下天津西沽地区城市更新

## 1 专题研究框架

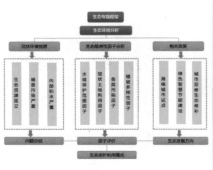

## 2 现状环境分析

○ 棚户区
◎ 空地
◎ 立交桥

| 噪声等级 | 60-70(A) | 70-80(A) | 80-90(A) | 90-100(A) |
|---|---|---|---|---|
| 对人影响 | 较安静 | 较吵 | 较吵 | 很吵 |
| 图示 | | | | |

·河流水文遭受冲击
因为地下排水管道的快速输送，降雨时河流的水位很容易在大量雨水径流汇入后突然升高，这严重改变了河流的自然水文。

·高架桥噪声公害
高架桥和火车线路的噪声一定程度增地影响了周边居住区居民的生活，降低了临近住宅的生活品质。

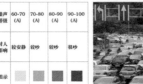 

·严重的水质污染
工业废水和生活污水通常会经过处理严格排放，而雨水径流因为在流动过程中接触点状分布的污染源（如城市污水固定排放口）造成"点源污染"。

## 3 更新策略

·生态资源孤立
除了北运河与子牙河两条水文资源和一个西沽公园，其他绿地零星分布。

## 4 生态敏感分析多因子评价

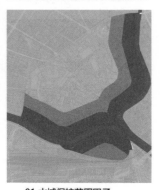

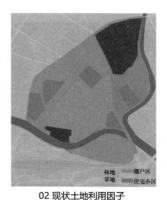

林地
草地
棚户区
住宅小区

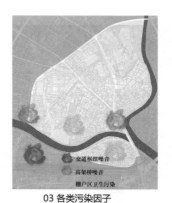

交通枢纽噪音
高架桥噪音
棚户区卫生污染

文化遗产
绿地

01 水域保护范围因子
子牙河与北运河两岸受水域保护范围的影响，生态敏感性高，西北部片区生态敏感性最低。

02 现状土地利用因子
西沽南片区受生态资源影响，生态敏感性最高，旱桥片区北侧、西于庄片区南侧生态敏感性一般。

03 各类污染因子
西于庄片区和旱桥片区受噪声污染和环境卫生污染较多，生态敏感性较低。

04 植被多样性因子
西沽公园植被多样性丰富，沿子牙河、北运河周边片状绿地植被多样性交叉，西于庄片区生态敏感性最低。

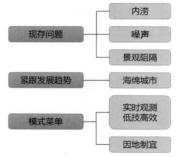

现存问题 ─ 内涝
         ─ 噪声
         ─ 景观阻隔
紧跟发展趋势 ─ 海绵城市
模式菜单 ─ 实时观测低技高效
         ─ 因地制宜

根据生态敏感性因子分析结果，将不敏感区划为有限建设区，将中度敏感区进行海绵城市改造，将高敏感区进行重点污染公害治理。

# BACKGROUND AND THINKING ANALYSIS
## 背景解析

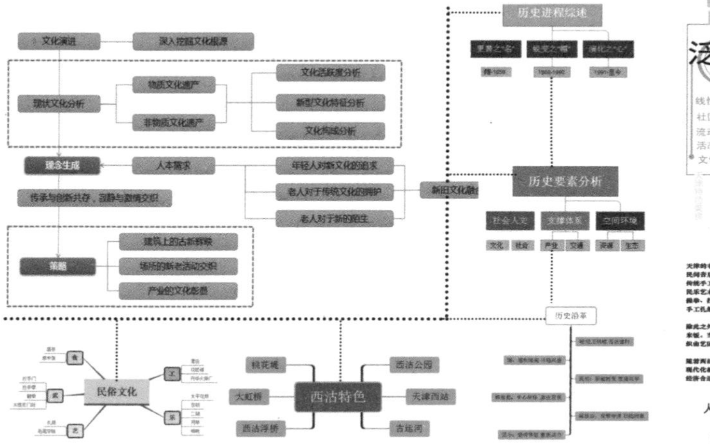

溯源津沽，绿脉·融城
——人本主义视角下天津西沽地区城市更新

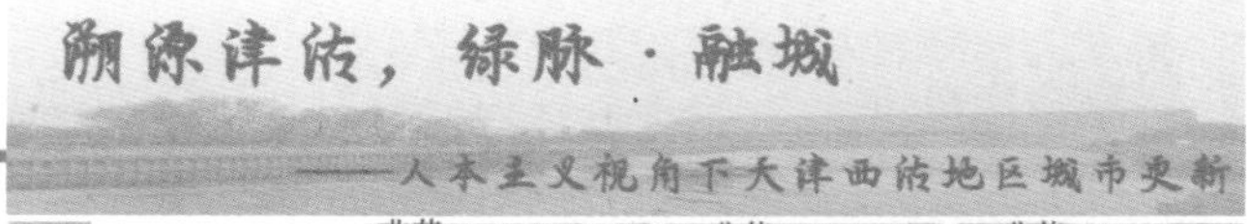

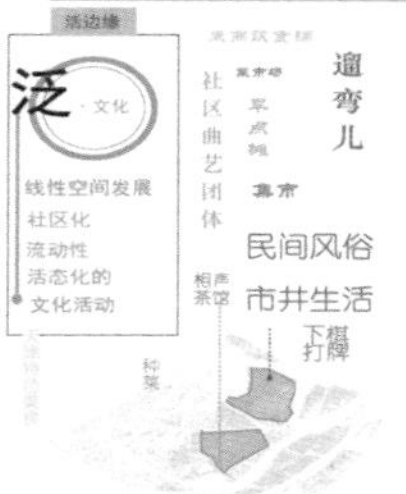

泛·文化
线性空间发展
社区化
流动性
活态化的
文化活动

都市民俗文化

人文体验

传承包容历史 + 立足人文当今

# CULTURAL TOPICS
## 文化专题

分时期历史要素分析

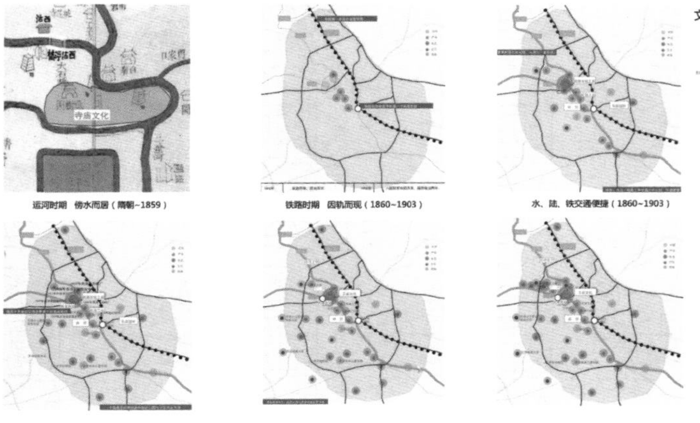

运河时期 傍水而居（隋唐~1859）
铁路时期 因轨而现（1860~1903）
水、陆、铁交通便捷（1860~1903）
铁路时期 托轨而聚（1913~1959）
铁路时期 承轨而盛（1960~1990）
后铁路时期 运河衰退（1990至今）

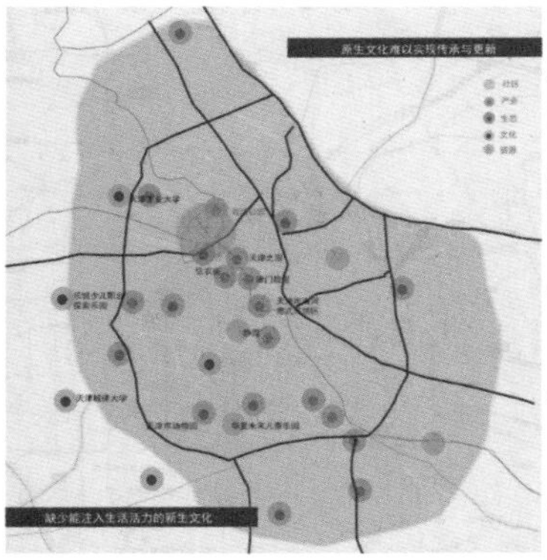

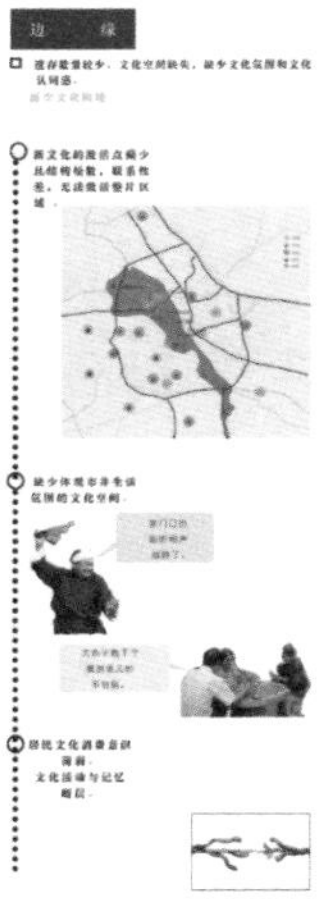

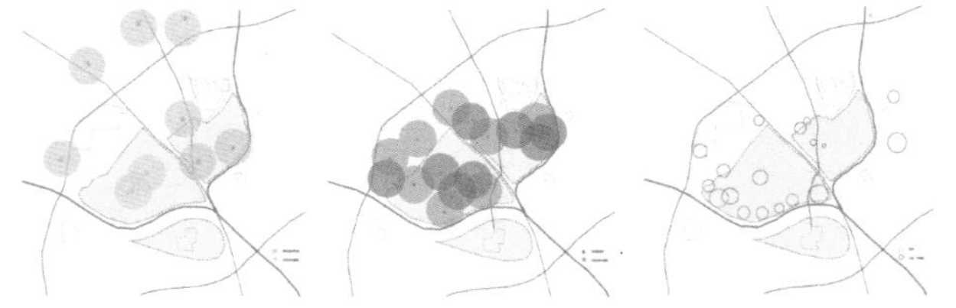

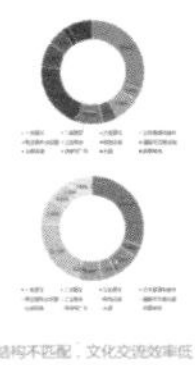

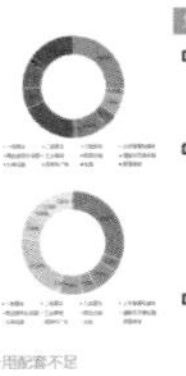

文化资源热度研究

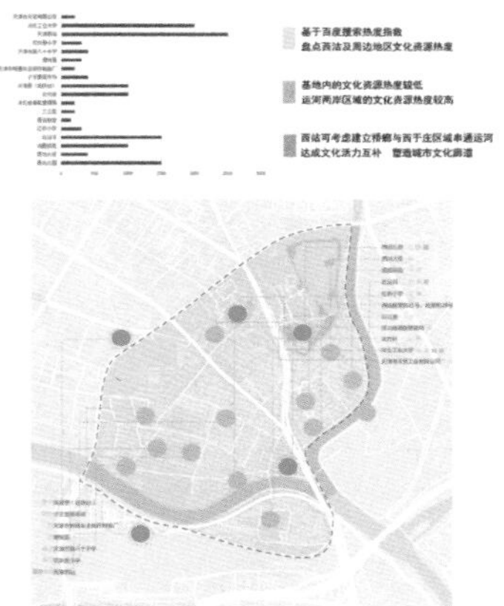

民俗遗存认知度研究

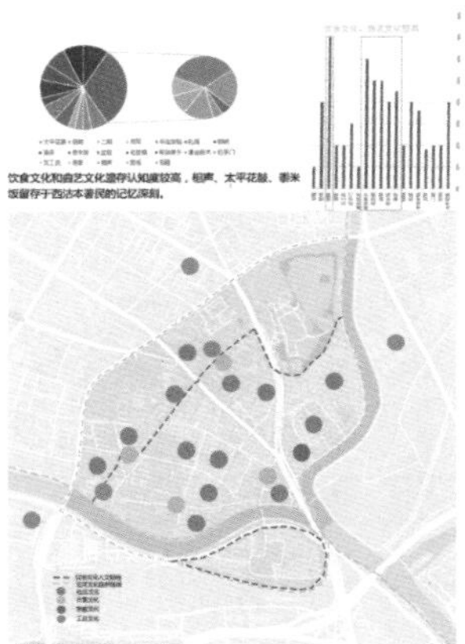

民俗文化专题

文化构成分析

西沽地区

边缘

# HUMAN EXPERIENCE
## 人文体验

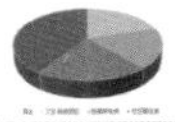

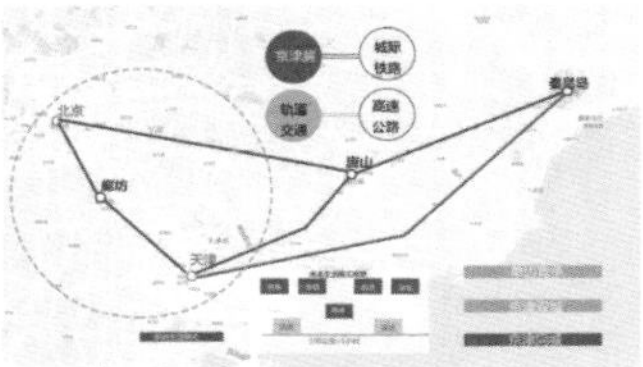

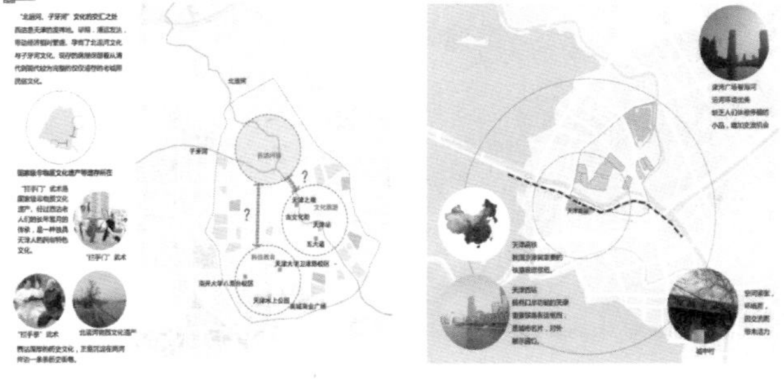

天津城建大学

047

溯像津沽，绿脉·融城
——人本主义视角下大津西沽地区城市更新

## 平面图

① 西沽老街入口牌坊
② 传统民居民俗
③ 驿路服务中心
④ 动态时尚运动生态公园
⑤ 回迁老艺术家优惠住宅
⑥ 艺术老街入口
⑦ 保留改造的文化艺术馆
⑧ 休闲商业街
⑨ 保留改造的微设计文化中心
⑩ 回迁&网络艺术家优惠住区
⑪ 保留中学
⑫ 保留的尚庭居住区片区
⑬ 网络建的商业服务
⑭ 民俗休闲集市
⑮ 保留过江桥小学
⑯ 保留工厂改造的未来拦手门艺术研究中心
⑰ 影视创作文创园区
⑱ 停车场
⑲ 保留教堂
⑳ 保留改造的民俗中心
㉑ 生活服务中心
㉒ 特色手工艺DIY体验馆
㉓ 民俗大舞台
㉔ 办公
㉕ 旅游服务中心
㉖ 相声茶堂

N

西沽南重点地段规划设计平面图

## 西沽南效果图

## 拆改留评估

## 四合院院落肌理分析

## 菜单模式指引与节点选择

沿北运河地段改造剖面图

# 总平面图

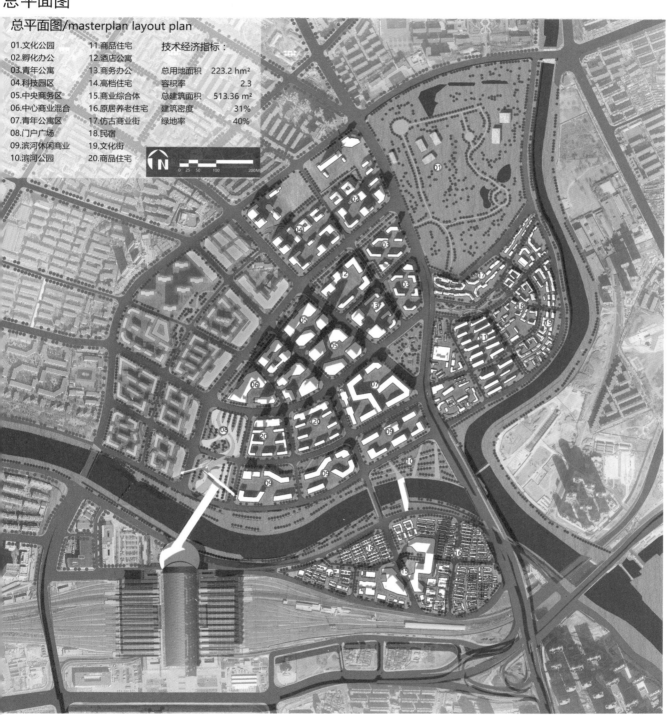

总平面图/masterplan layout plan

| | | |
|---|---|---|
| 01.文化公园 | 11.商品住宅 | 技术经济指标： |
| 02.孵化办公 | 12.酒店公寓 | |
| 03.青年公寓 | 13.商务办公 | 总用地面积　223.2 hm² |
| 04.科技园区 | 14.高档住宅 | 容积率　　　　2.3 |
| 05.中央商务区 | 15.商业综合体 | 总建筑面积　513.36 m² |
| 06.中心商业混合 | 16.原居养老住宅 | 建筑密度　　　31% |
| 07.青年公寓区 | 17.仿古商业街 | 绿地率　　　　40% |
| 08.门户广场 | 18.民宿 | |
| 09.滨河休闲商业 | 19.文化街 | |
| 10.滨河公园 | 20.商品住宅 | |

城市更新基本思路：以解决西站交通冲突为突破口，通过合理容量开发及制定资源分配规则制定城市更新方案，进行选择性引导，达成政府、市民、企业等多方利益互惠共赢式发展。调整交通结构，利用既有两个地铁站的公共交通优势，进行小街坊、密路网改造，营造商业街区氛围。对原有建筑给予了保留，并对其做出特殊保护，按照"不对文物进行改变"的原则，根据历史资料进行一定的原貌恢复，展示"中国最早开埠口岸"的深厚历史文化内涵。

## 鸟瞰图

### 效果图

尊重城市历史文脉，挖掘城市地方特色。

文脉

应用绿色生态理念，提供生态宜人的游憩和活动空间。

游憩

合理布局使用空间，满足城市防灾避难要求。

安全

# 西沽 再生长 ——基于城市形态学下的天津西沽地区城市设计

## 总体城市设计

延续原有城市肌理、嵌入式规划

窄路密网的道路交通布局

围合式的建筑组团方式

功能混合的街区模式

强化滨河空间

## 发展构架分析

历史带动发展轴

核心发展轴

发展节点

发展节点

宜居片区

宜居片区

核心区域

沿河特色发展轴

发展节点

发展节点

宜居片区

绿色轴线为沿岸特色发展轴，以沿岸的滨水空间和天津西站作为发展的触媒点也是先发点，该轴线上多分布公共服务设施及商业服务业；

红色轴线为整个地块的核心轴线，贯穿整个地块，起到衔接串联的作用；

黄色轴线作为记忆轴线，串联地块中具有历史厚重感的区域，也是西沽公园与子牙河重点地段的衔接轴线。

## 重点地段城市设计

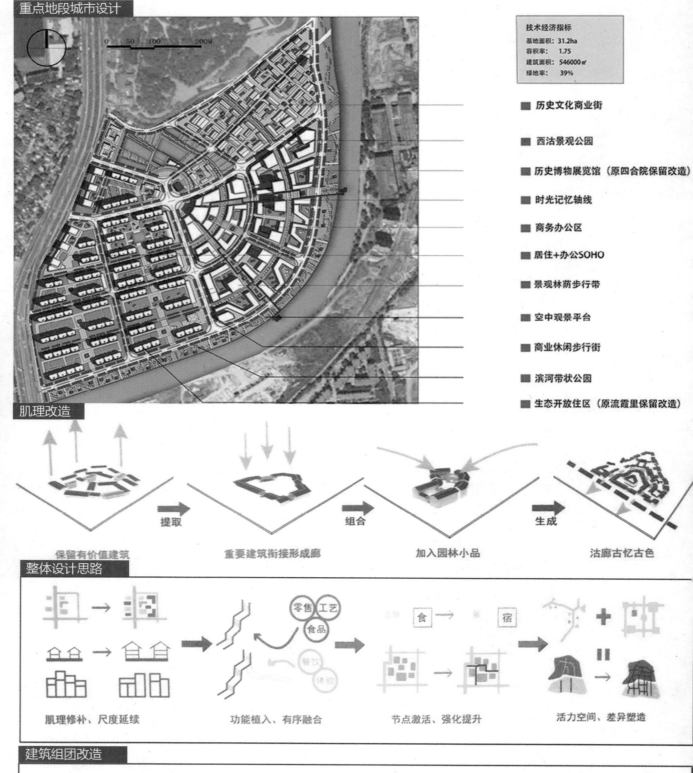

0  50  100    200M

技术经济指标
基地面积: 31.2ha
容积率: 1.75
建筑面积: 546000 ㎡
绿地率: 39%

■ 历史文化商业街

■ 西沽景观公园

■ 历史博物展览馆（原四合院保留改造）

■ 时光记忆轴线

■ 商务办公区

■ 居住+办公SOHO

■ 景观林荫步行带

■ 空中观景平台

■ 商业休闲步行街

■ 滨河带状公园

■ 生态开放住区（原流霞里保留改造）

## 肌理改造

保留有价值建筑　→ 提取　重要建筑街接形成廊　→ 组合　加入园林小品　→ 生成　沽廊古忆古色

## 整体设计思路

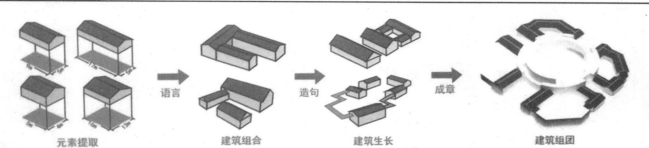

零售　工艺
食品
食　宿
餐饮　体验

肌理修补、尺度延续　　功能植入、有序融合　　节点激活、强化提升　　活力空间、差异塑造

## 建筑组团改造

元素提取　→ 语言　建筑组合　→ 造句　建筑生长　→ 成章　建筑组团

**重点地段城市设计**

**总平面图**

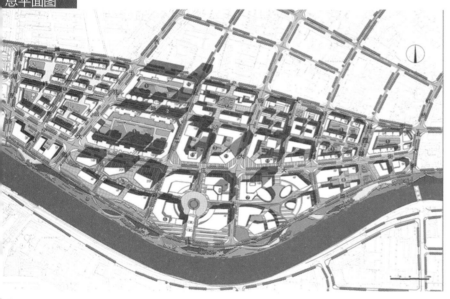

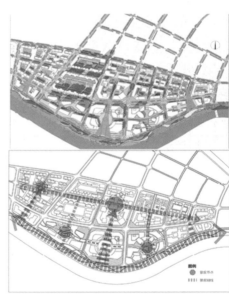

**分析图**

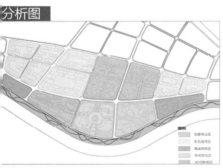

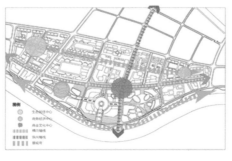

**子牙河侧立面图**

## 重点地段城市设计

## 功能分析

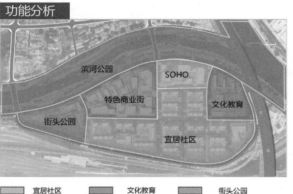

| | 宜居社区 | | 文化教育 | | 街头公园 |
| --- | --- | --- | --- | --- | --- |
| | 特色商业街 | | SOHO | | 滨河公园 |

该地块运用了功能混合的理念，居住板块中加入商业服务业、体育运动等功能，SOHO、滨河公园中加入了艺术展览的功能

## 交通分析

| | 城市主干道 | | 城市支路 | | 景观步行道 |
| --- | --- | --- | --- | --- | --- |
| | 城市次干道 | | 小区车行路 | | |

将窄路密网的理念发挥到极致，在小尺度住区的基础上，通过小区道路再次打开地块，连通片区

## 景观分析

| | 防护绿地 | | 公园绿地 | | 组团绿地 |
| --- | --- | --- | --- | --- | --- |
| | 铺装水 | | 河流水 | | |

沿河打造滨河公园，将河流引入河岸，形成"内河"，在河流上游设置净水装置，使"内河"的水质达到供人们嬉戏的水平，结合可设计多样的亲水平台

## 建筑分析

| | 高层建筑 | | 多层建筑 | | 低层建筑 |
| --- | --- | --- | --- | --- | --- |
| | 连廊 | | 地下广场及通道 | | |

在特色商业街架设连廊，在子牙 SOHO 区域设计了地下文化广场，通过地下通道连接商业街、SOHO 和滨水公园，在滨水公园设两座人行玻璃栈道

2018年
城乡规划专业京津冀高校「X+1」联合毕业
设计作品集

# 北京工业大学

# 指导教师感言

2018 年京津冀高校城乡规划专业 "X+1" 联合毕业设计得到了中国城市规划学会的支持和指导，各地方政府、设计院及京津冀城乡规划专业高校联盟齐心协力的帮助，圆满收官。北京工业大学建筑与城市规划学院是首届主办单位，本次由我带队，参加了此次联合毕设。

此次联合毕业设计突破既有城乡规划专业毕业设计教学方法和方式，在京津冀高校城乡规划专业联盟的优质教学平台上，在教学质量的提升、职业素质的培养等各方面都为学校师生提供了锻炼平台，提出了更高标准的毕业设计教学要求。以"记忆·更新·价值"为主题，以天津市西沽地区为设计场地的城市设计，为天津市副中心规划建设出谋划策。选题具备问题复杂性、层次丰富性、解答多元性，为大家带来了多种可能性的设计思路。

武凤文

不论是教学过程的辅导和讨论，还是活动过程的展示与沟通，这种实景式、过程化的教学方式改变了传统的模式，形成了信息最大化的校际协同育人模式，使得老师和学生都受益匪浅。同时本次活动也为行业学会、设计院、政府机构和京津冀高校之间提供了一个交流学习的平台，进一步加强了多方合作，充分发挥了行业学会的技术指导作用，使得各方能有机会就一个问题进行头脑风暴式的深入剖析探讨，在碰撞中产生新的动力和潜能。

北京工业大学城乡规划专业参加本次毕业设计的是城乡规划专业 2013 级学生张筱萌同学，在教师团队的指导下，进行了多轮方案比对，在历史文化挖掘、上位规划、设计定位、方案构思和节点设计等方面进行了反复研讨与斟酌，最后呈现给大家优秀的设计成果。在此谨向各位老师的悉心付出和各位同学的不懈努力致以最诚挚的感谢！虽有很多不舍，但是雏鹰终将翱翔，祝同学们在新的天地展翅高飞！

万事开头难，从去年京津冀七所高校，到本届的九所高校参与，各校都已获得了足够经验。明年的主办院校已蓄势待发。作为城市规划系主任也是联合毕设的主发起人，我衷心祝愿京津冀联合毕业设计越办越成功！

天津是一座充满魅力的城市，西沽是天津漕运文化的起源之地，也是天津卫的发祥之地。此次联合毕设的基地选址于西沽地区，将主题确定为存量规划语境下的城市设计。基地现状呈现较为明显的城市衰败特征，文化底蕴丰富却无法彰显出来，大面积的传统城市肌理留存却没有得到较好梳理。基地现状较为复杂，城市振兴的目标亦不容易实现，城市设计题目难度较大。作为刚入职一年的青年教师，无论是知识储备上，还是指导方法上，对我都是一种全新的挑战。在指导过程中，通过向经验丰富的带队教师武凤文老师学习，收获了许多好的指导经验和新的设计理念，积累了专业辅导经验，开阔了专业知识视野，获益良多。

在与其他院校交流过程中，我也了解到许多有益的授课经验以及对专业课程内容的安排方式。特别是最终汇报评图环节，是一次非常难得的交流学习的机会。所有参加学校的师生都以高水准完成了联合毕设，许多优秀的设计理念、图纸表达方法以及汇报方式都令我受益匪浅。

程昊淼

# 学生感言

张筱萌：非常荣幸能在毕业之际参加京津冀"X+1"联合毕业设计，这不仅是对大学五年来所学知识的一次综合检验，而且也是对自己设计能力的一次再提升。这是本科阶段最后一次设计，我全身心地投入其中，在深入设计的同时也在挖掘自己的潜力，从发现问题、到解决问题，步步深入、层层推进，搭建了一套完整设计逻辑，为我五年的本科学习经历画下了完整的句号。此外，联合毕设作为一个各校间交流展示的平台，让我学习到了很多的新想法和思考问题的方式，也认识了许多新朋友。感谢联合毕设给我们提供了一个相互交流及自我展示的机会，祝愿未来京津冀规划专业"X+1"联合毕业设计举办得更加成功。

# 释题与设计构思

## 释题与设计构思

### 方案名称：演艺·延绎——天津西沽地区城市设计
### 设计者：张筱萌

西沽位于天津市红桥区，作为"天津之源"，西沽具有深厚的漕运文化历史。2008版天津市总体规划将西沽定位为城市副中心，天津西站的建成也为西沽地区的发展带来新的机遇。然而近十年，西沽的建设却陷入了停滞。

此次联合毕设将主题确定为存量规划语境下的城市设计，既是对西沽片区现有城市形态的认可，也是对西沽片区未来城市发展的美好展望。我们认为在城市设计中既要体现天津之源，历史之址，挖掘天津传统文化及西沽的地域特色，也要兼顾产业链的完整设计，从而使产业受益替代高强度的土地开发策略。故本次规划以文化保育与历史街区保护为出发点，对西站片区的发展定位进行重新思考，通过引入天津特色的演艺文化产业，重现西沽活力。因此，在西站片区概念性规划阶段，提出"内—外—外外"的演艺产业发展策略。

在西沽地区城市设计阶段，创造性提出"演艺—延绎"的设计思路：以南区低容积率高密度的中低层演艺产业园区开发和北区传统院落演艺体验植入来完善产业链的整体性和丰富度。在形式上，对传统演艺产业从组织模式、运营模式、接收模式、产品模式进行阐释延伸。在空间上，提出"点、线、面"的设计策略：除了对传统院落进行演艺功能改造外，此次城市设计还将活力空间与演艺空间结合，有意识地引导年轻人参与到演艺产业中去；并打造时序性自由生长的体验游廊，培育演艺产业的循环经济价值；此外，构建地区互联网演艺资讯平台。三大策略共同培育演艺产业在西沽发展的经济价值。

## 项目区位

本次规划项目位于天津市红桥区，研究范围为整个西站片区，并选取了其中位于片区东部的西沽地区(B)进行具体的城市设计。

概念性规划范围：
321.4ha
城市设计范围：
32.34ha

天津城区 红桥区　　　红桥区 西站片区　　　西站片区 地块B

## 发展优势

### 1.文化优势：

"先有西沽、后有天津"，西站片区是天津的历史文化的发源地。西沽位于现海河上游的传统特色风貌区内，具有漕运文化特色的原生性城市历史肌理，是天津纯本土文化的代表性地段。

### 2.交通优势：

天津站位于历史城区范围内，高铁无法进入。因此，新建线路选择绕道而行，天津西站、天津南站分别成为了未来天津的北上南下门户，旅客必经之地。

## 人群需求

### a.天津本地人

对天津十分了解，想要感受西沽传统的城镇风貌有深厚的情感以及体现天津传统的老城厢文化

### b.高铁中转游客

中途时间并不充裕，需要在最短的时间了解天津文化特色，带回旅游纪念品，品尝特色小吃

### c.来公干的人士

离开天津前的最后一站，想充分体验下天津特色的休闲游览纪念活动，留下一个美好的回忆

### d.旅游人群

时间充裕，在游览过五大道等租界风情区后，想感受专属于天津本土的老城厢文化特色

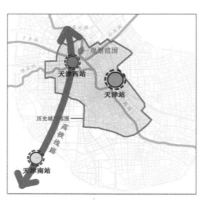

## 现状问题

西站片区发展目前存在以下问题：
1.经济落后，缺少支柱产业；
2.职住不平衡现象严重；
3.周边商业用地及公共服务设施数量严重不足；
4.现状还有大量工业及四类居住用地；
5.交通组织混乱，路网整体密度低、通达性差；
6.沿河两岸之间缺乏联系。

a. 用地环境分析

二三类居住用地　教育用地　医疗用地　商业用地
行政用地　工业用地　市政设施用地　铁路用地
绿地　水系　四类居住用地

b. 街道环境分析

铁路　快速路　主干路
次干路　支路　地铁

## 发展需求

**价值导向：** 西站片区是天津之源，高铁枢纽，未来将带来大量的人流量；因此，这里要集中展示天津的传统文化特色以及西沽的传统文化历史（传统生活、漕运文化），成为弘扬天津传统文化教育基地。

**问题导向：** 明确地区产业发展方向，完善地区路网及各项配套服务设施。

## 上版规划调整

上版规划将西站片区定位为天津市五个城市副中心之一的"西站副中心"，建设以交通枢纽为依托的核心商务区，通过对天津各商务金融产业集聚区建设情况及发展重点进行分析发现，商务金融在天津发展前景并不向好。

本次规划对上版规划的发展定位进行了重新思考，基于历史街区保护及发展类型，最终确定了以文化保育为核心的发展方向。

商业开发（特色商业）

历史街区开发类型

文化保育（文创产业）

## 文化类型选择

而在文化类型的选择上则要彰显天津及西沽特色，通过对地区历史沿革及文化特色的研究发现，西站片区文化特色在于漕运文化及天津传统城镇特点及生活方式，难以通过产业化发展带来经济效益，因此想到了"文化植入"。

**地域特色文化**
1. 文化特色：漕运文化、教育文化、宗教文化、工商文化
2. 民俗特色：杨柳青、太平花鼓戏、吴氏糖人、剪纸
3. 建筑特色：四合院、三合院、大四合套院、筒子院

**历史沿革**
1. 元代：西沽水（今北运河）成为天津通往大都的必经之路。于是，西沽一带成为南北运输要枢纽，在此设置"南清骄"，资料人、棚枝，据枝军重要中心，或为军事重镇和漕粮转运中心。

2. 明朝初年：生活区域：主要位于沿河一带，范围应在临河三宫庙前后，沿西沽会沿河向南至临家嘴网一带的沿河沿区成、面其他地区，此时仍为未统制型基地。产业：以漕运为主。代表地点：完家口。此时期西沽由村落斯形成。

3. 明末清初：生活区域：沿河一带向南，沿河三宫府与聚积沿沿河东南地发展、水地色越近一块平，形成了相对比较稳定的生活环境。产业：农业在西沽形逐步发展。代表地点：三官面。此时期西沽向城镇型建制镇演变。

4. 清朝初期：生活区域：沿河一带走向了富商，盐店前一带开始繁荣。产业：由沿岸产生的码头经济，开始向外散发集聚成型经济业态。代表地点：盐店街。此时期西沽开始向中心城市聚型。

5. 清末民期：生活区域：西沽的发展涵盖整个现西沽地区。产业：教育、工商、文化及宗教多方面发展迅速。代表地点：天津市立第三十二小学、天津外华大学会。此时期西沽开始纵深开拓。

## 文化产业类型选择

而说到天津的文化特色，不得不提到相声、戏法儿等各类演艺表演，而演艺在天津得以发展得益于漕运背景。

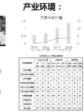

1. 天津演艺文化产业内容丰富
2. 具有一定的受众基础
3. 发源地"南市"随着开发建设失去演艺属性，现有演艺场所布局分散不成规模
4. 天津演艺产业发展仍为空白

基于此，对演艺产业构成、产业环境（从业人员及受众市场规模）、演艺场所分布、天津特色演艺产业——"什样杂耍"、天津演艺产业发展的主要问题、天津文化产业发展现状等内容进行了一系列研究，明确了在西站片区大力发展具有天津特色演艺文化产业具有一定的可能性。

演艺产业构成

产业环境：

演艺传统场所分布：

天津特色演艺产业

天津文化产业发展现状：

根据案例分析，在未来西站片区演艺产业发展模式上：参考"百老汇"演艺产业"内 — 外 — 外外"发展模式。

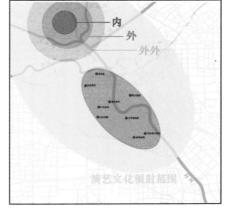

内
外
外外

演艺文化辐射范围

## 西站片区概念性总体规划

最终确定了在西站片区打造**功能复合的综合性演艺文化创意产业新区**的发展方向，打造具有天津特色的表演"后花园"。

在**空间结构**上构建艺术+商业、景观+休闲、文化+创意三大发展轴线；在**功能结构**上规划建设文化创意、城市综合服务、枢纽商务、综合居住、西沽公园五大板块；在综合交通上规划**两横一纵**的交通系统。

配套产业
商业零售
休闲娱乐
餐饮住宿
辅助服务

核心产业
文化演艺

衍生产业
文化创意
文化旅游
文化展览
文化教育

相关产业
工艺美术
广告会展
出版发行
影视传媒
数字内容

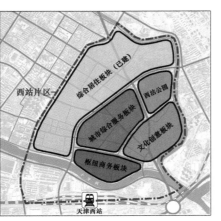

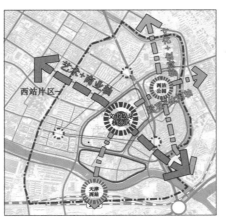

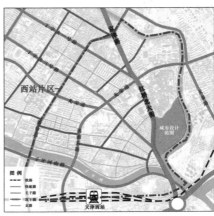

根据上位规划调整内容，西沽地区处于文化创意板块东部。因其优良的景观环境以及传统城镇特色肌理，故将其定位为集文化创意与文化旅游为一体演艺孵化区。并且通过城市设计的手段解决演艺产业发展的难点。

除此之外，西沽地区位于演艺文化产业发展的"外"圈范围内，未来将打造以文化创作为主要目的的实验性中小剧场群。

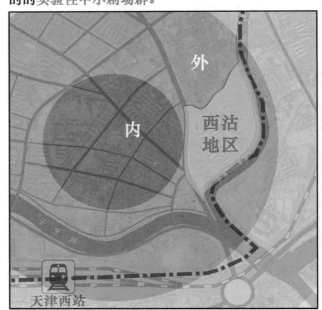

## 现状分析

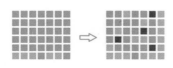
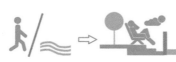

**1.发展定位**
该传统风貌区既要承接文化保育功能，同时要展示天津特色

**2.业态功能**
功能单一，居民生活不便 ⇒ 功能比例重置，相互联系

**3.城市风貌**
多层建筑对破坏城市形象 ⇒ 对多层建筑予以拆除

**4.公共空间**
缺乏公共绿地及服务设施 ⇒ 植入便民商业及口袋公园

**5.滨水空间**
石护坡阻碍人与水的联系 ⇒ 增设平台丰富滨水景观

**6.街巷胡同**
交通等级低，居民出行不便 ⇒ 完善路网，规划出行体系

历史资源分布图

地块范围内分布着：宗教建筑、商业建筑、民居大院、码头渡口、企业工厂、文革标语等多样历史资源要素，主要沿西沽大街及大公所沿线分布；地块内虽无文保建筑，且体现西沽发展历程的代表性建筑皆已消失，但其建筑细部仍留有展示着西沽历史风貌的时代印记。

## 设计思路

激活难点：激发演艺参与者兴趣，对天津本土传统演艺进行当代表达，产生循环经济效益

⇩

设计思路：提出"演艺→延绎"概念，对传统演艺要素进行：形式"延"伸、空间演"绎"

## • "延"——形式延伸

### 1.演艺活动组织

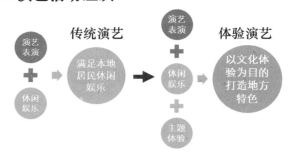

**Before**
传统演艺：以本地区居民为主要受众群体，以休闲娱乐为主要目的
包括：演艺表演+休闲娱乐——演+商

**After**
体验演艺：以游客为主要受众群体，以文化体验为主要目的，使演艺本身成为地区文化特色符号
包括：演艺表演+主题体验+休闲娱乐——演+游+商

### 3.演艺体验模式

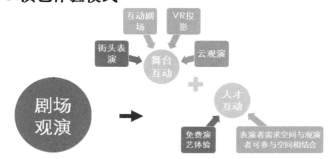

**Before** 普通观演式：观众在剧场欣赏表演剧目
**After** 互动接收式：
**舞台互动**：打破空间界限，街头表演、互动剧场、现代VR投影、互联网云观演等多层次表演空间联动，提升观众沉浸感；
**人才互动**：为观众提供各类演艺文化体验空间，通过开展免费演艺文化体验项目、将表演者需求空间与观众可参与空间相结合等手段，使观众渗透到演艺产业各个环节，激发受众兴趣

### 2.演艺运营模式

**Before**
单一的创作→排演→表演的三段式模式，导致剧目单一、缺少附加收入，不利于对演艺兴趣的培养，并且不符合当今多元的时代特色

**After**
构建集研究→培训→孵化→创作→制作→演出→衍生文创产品销售于一体，完善的演艺文化产业链，关注剧目实验创新、专业培训、市场营造、IP衍生等核心环节

### 4.演艺产品形式

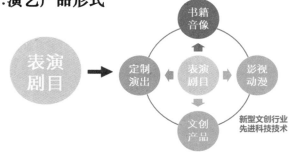

**Before**
表演剧目为唯一产品

**After**
除去表演剧目外，积极促进演艺产业与现代新兴文创行业和先进科技技术相结合，如：互联网销售书籍音像制品、植入影视动漫产业、促进演艺特色文创产品研发、剧目定制等

## • "绎"——空间演绎

**1. 纵向深入——推动传统演艺在各环节要素上的创新，在北部打造演艺文化保育区，促进天津传统演艺复兴及地区旅游发展：**
(1)彰显天津演艺文化特色，摒弃"广而全"多艺术门类共同发展策略，采取"专而精"的发展模式，控制剧种比例，重点发展具有天津本地特色的"什样杂耍"演艺类型，打造地区品牌；
(2)提供丰富的演艺文化体验项目及体验模式，激发兴趣、扩大演艺群体，并推动演艺文化旅游发展；完善扩展演艺产业产业链，产业化发展增加附加值，同时有助于打造优质剧目IP。

**2. 横向拓展——拓展演艺产业IP外延，在南部打造演艺相关企业孵化区，促进演艺产业与新兴文创产业相结合：**
以打造"什样杂耍"优秀剧目IP为核心，积极促进其与相关新兴文创业态相结合，将演艺元素通过影视、动漫、广告、游戏、文学、产品设计等多元IP运营方式协同释放，增加演艺产业的附加值；以演艺产业为基础有助于吸引其他类型文化创意产业人才，同时相关产业也将促进演艺产业在表达内容、表达形式、品牌塑造等方面的创新。

**3. 展现天津文化特色——保留原生性城市肌理，景观设计上充分展示西沽的传统文化：**
西沽地区作为紧邻高铁枢纽的保留天津传统城镇风貌的历史街区，要以"原生性"为原则，保留具有天津漕运文化特色的原生性城市历史肌理。
引入具有天津特色传统的旅游商业，景观设计展现西沽漕运文化历史传统城镇特色风貌。

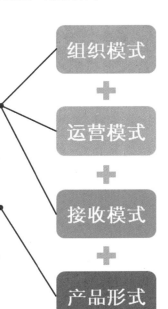

# 总平面图

2018年城乡规划专业京津冀高校「X+1」联合毕业设计作品集

064

红桥北大街

## 图 例

- ❶ 地铁站
- ❷ 演艺体验中心
- ❸ 演艺体验游廊
- ❹ 步行商业街
- ❺ 天津演艺博物馆
- ❻ 西沽塔
- ❼ 明地
- ❽ 阶梯剧场
- ❾ 书茶馆
- ❿ 先锋剧场
- ⓫ 滨水戏台
- ⓬ 三官庙
- ⓭ 邻里中心
- ⓮ 商业会议中心
- ⓯ 孵化交流中心
- ⓰ 影剧院
- ⓱ 艺术馆
- ⓲ 滨水休闲商业
- ⓳ 虹桥小学
- ⓴ 西沽公园南门

———— 古今文化体验轴
———— 传统演艺体验轴
———— 天津特色体验轴
———— 西沽生活体验轴
———— 综合商业轴
———— 创意交流轴
———— 景观渗透轴
———— 滨水休闲轴
▦▦▦ 保留生活空间
▦▦▦ 创意工作空间
▦▦▦ 预留功能空间

# 空间结构规划图

**1.综合服务轴：**
以文化展示与商业服务为主要功能，打造连通西沽公园及北运河西岸的综合性步行街；满足创客、游客的基本休闲娱乐需求。此外，着力打造传统、现代两大文化交流中心。

**2.创意交流轴：**
以企业创意交流为主，串联组团中部共享交流空间，着力打造东部商业会展中心。

**3.文化演艺轴：**
以天津传统文化及演艺文化体验为主，在剧场组织上采取"剧场集聚"及"演艺+商业"的模式，营造良好的演出及观演氛围。

**4.商业休闲轴：**
以现代综合商业为主，打造直通水边的休闲步行街。

**5.西沽生活轴：**
以现代便民服务为主，在展现西沽地区传统生活风貌的同时，提升地区居民生活品质。

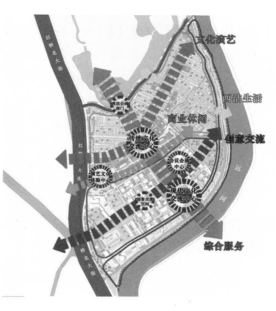

# 功能分区规划图

**1.文化保育区：**
**文化展示：**交互体验中心、艺术展览；
**文化体验：**民俗文化创意工坊；
**文化娱乐：**小剧场、酒吧、茶馆、书店、音像店、小型博物馆；
**文化交流：**中小型演艺社团、演艺培训学校、青年戏剧工坊；
**特色零售：**天津传统手工艺品、现代手工艺品、演艺衍生品；
**特色餐饮：**传统小吃、特色餐馆；
**现代商业：**商业步行街；
**邻里中心：**社区活动中心、社区服务中心、社区餐厅；
**旅游服务，民宿客栈，艺术家生活，传统生活；**
**规划预留：**不强制作为传统生活保留区，未来功能可变。
**2.企业孵化区：**
**动漫创新工厂，影视创新工厂，广告基地，艺术家工坊；**
**会议会展：**会议中心、展览馆、图书馆；
**文化休闲：**剧场、电影院、健身中心；
**休闲餐饮：**轻奢餐厅、咖啡店、水吧、甜品店；
**精品酒店。**

# 道路系统规划图

采用**"外快内慢"**的道路网络系统，以适应街巷空间保护需求。

**1.新增街区穿行型道路，提升滨水道路品质**

**2.完善慢行交通系统体系**
按功能及人流强度将地块内慢行道路划分为三类：
**交往服务型：**休闲娱乐、活动交往及主要人流通行；
**人流集散型：**活动交往人流通行疏散；
**日常生活型：**居民日常出行。

**3.交通设施优化**
（1）地块西部现有公交站西于庄站，未来将新建地铁西于庄站，两者将成为西部人流主要来源；
（2）拟在三合街与北运河西路交汇处**新建西沽码头**，作为海河沿岸新增旅游节点，西沽码头将从南部带来客流；
（3）此外，考虑到公园开放的可能性，在地块北部，单家胡同口**新增西沽公园南门。**

**图例**
—— 穿行型
—— 滨河景观型
—— 交往服务型
—— 人流集散型
—— 日常生活型

北

50　100　200m

北京工业大学

065

### 1.文化保育区（北区）——纵向深入

**功能定位：** 天津特色演艺文化保育+天津传统文化展示

**空间设计：** 提出"点、线、面"的演绎策略

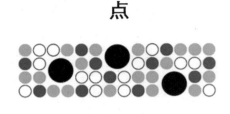

点

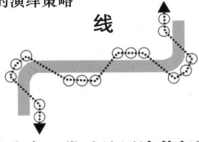

线

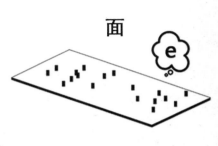

面

### Step1：点——演艺单元点状分布，带动地区演艺氛围

#### （1）演艺单元设计

依托演艺产业各个环节，从联系观众群体与演艺群体的角度出发，将表演者需求空间与观众可参与空间相结合；并研究各环节相对应的空间需求，通过案例分析，对西沽地区传统合院建筑提出改造策略。

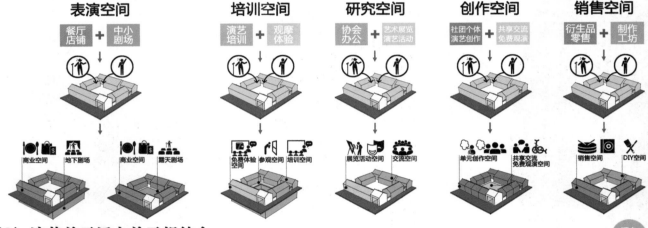

#### （2）演艺单元活力单元相结合

针对演艺市场年轻受众及从业比例萎缩的现状，为了激发年轻人对演艺行业的兴趣，将年轻人喜爱的时尚商业空间与演艺文化空间串联起来，有意识地引导年轻人体验、了解、参与到演艺文化活动中。

茶室

设计工作室

书斋

轻奢餐饮

艺廊

### Step2：线——打造时序性自由生长的演艺体验游廊

#### （1）萌芽期

**功能：** 传统演艺表演+演艺文化展示+旅游商业

**构成：** 免费演艺体验中心、西沽记忆广场、天津演艺历史博物馆、明地1900、书茶馆1920、21世纪先锋剧场、西沽表演艺术家公会（研究空间）、民俗文化商业区（天津老字号、特色餐饮及特色工艺品商店）、市民戏台、下沉小剧场

#### （2）生长期

**功能：** 实验性演艺表演+演艺培训+演艺创作+现代休闲商业

**构成：** 临时小剧场（表演空间）、演艺培训学校（培训空间）、演艺个人众创空间（创作空间）、艺术休闲商业区（活力单元）

#### （3）成熟期

**功能：** 商业性演艺表演+创新演艺衍生体验+规划预留

**构成：** 社团剧场+演艺文创工坊（销售空间）+演水戏台+预留空间

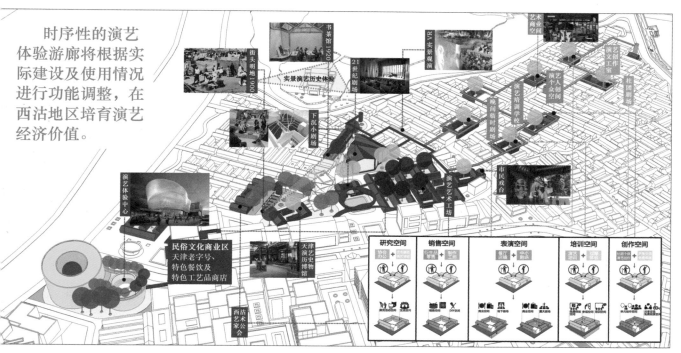

时序性的演艺体验游廊将根据实际建设及使用情况进行功能调整，在西沽地区培育演艺经济价值。

## Step3：面——构建互联网＋平台，提供实时资讯

内容涵盖以下内容，包括天津演艺历史介绍，演艺活动动态，表演场所信息，演出购票资讯，剧目及艺人社团简介，免费体验项目，演艺培训介绍及网上报名，剧目点播，文创产品订购，游览线路及景点介绍，餐饮民宿信息，公共服务设施查询功能。

## 2.文化保育区（北区）——纵向深入

**功能定位：** 演艺相关文创产业孵化＋交流展示

**空间设计：**

**关系链：** 一方面从西沽传统"围合"的建筑形制出发，结合文创产业重在交流的特点在平面空间布局上采取中心设计共享活动交流空间，同时通过交往连廊串联。

**产业链：** 另一方面深入各企业单元，从文创产业IP孵化的核心环节入手，采取垂直孵化策略，对内容孵化、制作管理及科技创新环节提供相对应的空间体量，并用连廊进行连接。

将关系链与产业链相结合；此外在中部设计"交流核"，并通过轴线与北部文化保育区相连接；构建一核一轴，链中链的新建产业园区的空间形态。

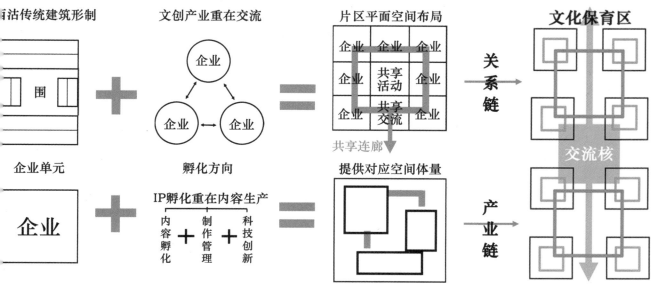

效果图

三官怀古

以三景村西绍西

海河之韵

通过高低起伏、富有层次感的植物配置，展现运河之"韵"主题，同时提供良好的慢行生态景观环境

红桥北大街

红桥北大街

子牙河

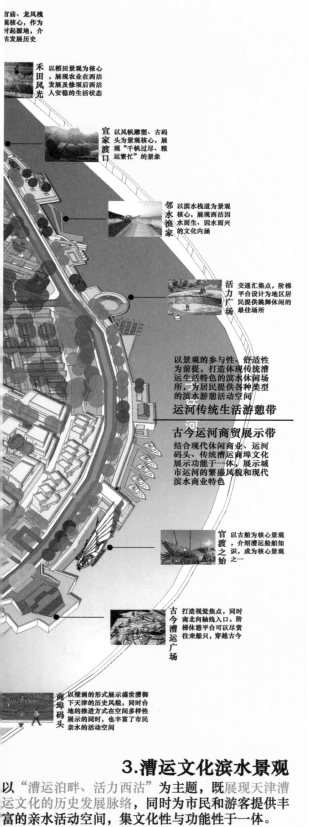

官庙、龙凤槐
□□核心，作为
□□时起源地，介
□□古发展历史

**禾田风光** 以稻田景观为核心，展现农业在西沽发展及修坝后西沽人安稳的生活状态

**宜家渡口** 以风帆雕塑、古码头为景观核心，展现"千帆过尽、粮运繁忙"的景象

**邻水渔家** 以滨水栈道为景观核心，展现西沽因水面生、因水面兴的文化内涵

**活力广场** 交通汇集点，阶梯平台设计为地区居民提供跳舞休闲的最佳场所

以景观的参与性、舒适性为前提，打造体现传统漕运生活特色的滨水休闲场所，为居民提供各种类型的滨水游憩活动空间

**运河传统生活游憩带**

**古今运河商贸展示带** 结合现代休闲商业、运河码头、传统漕运商埠文化展示功能于一体，展示城市运河的繁盛风貌和现代滨水商业特色

**官渡之始** 以古船为核心景观，介绍漕运船舶知识，成为核心景观之一

**古今漕运广场** 打造视觉焦点，同时南北向轴线入口，阶梯休息平台可以尽赏往来船只，穿越古今

**商埠码头** 以壁画的形式展示盛世漕御下天津的历史风貌，同时台地的推进方式在空间多样性展示的同时，也丰富了市民亲水的活动空间

# 3.漕运文化滨水景观

以"漕运泊畔、活力西沽"为主题，既展现天津漕运文化的历史发展脉络，同时为市民和游客提供丰富的亲水活动空间，集文化性与功能性于一体。

# 4.中央主轴线

以"演贯古今"为主题，展现天津演艺文化发展的历程。
由两大核心节点构成：
**北古：** 由小剧场、"什样杂耍"文化展览馆构成的天津传统演艺文化交流展示中心，展现天津传统演艺文化底蕴；
**南今：** 由影剧院、展览馆构成的天津现代演艺文化交流展示中心，彰显天津现代演艺及艺术发展新风貌；
在景观设计上结合各类水文化符号，展现漕运文化，成为滨水广场与城市公园之间的过渡，串联各尺度广场，形成富有变化的空间序列。

城市公园
北古
南今
滨水广场

## 细节展示

文化保育区
入口建筑组团
传统演艺组团
企业孵化区
商业会展中心

滨水商业建筑　办公建筑组团1　现代文化建筑组团　办公建筑组团2

## 立面效果

南部滨水立面

西部红桥北大街立面

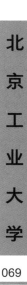

北京工业大学

## 空间展示

### 孵化交流空间

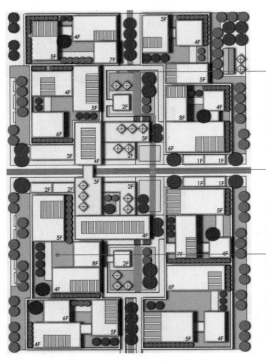
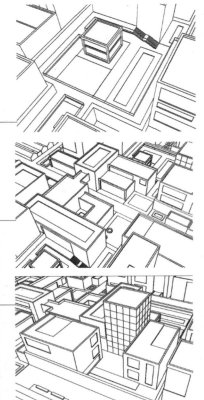
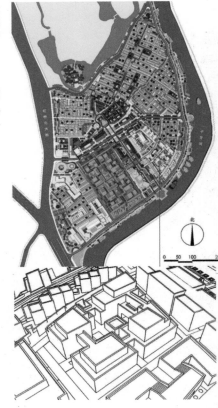

### 休闲会展空间

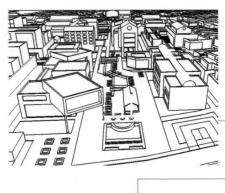
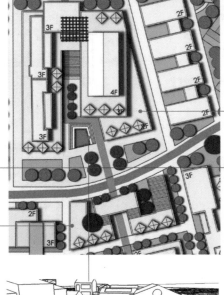

# 演艺空间

戏台

表演广场

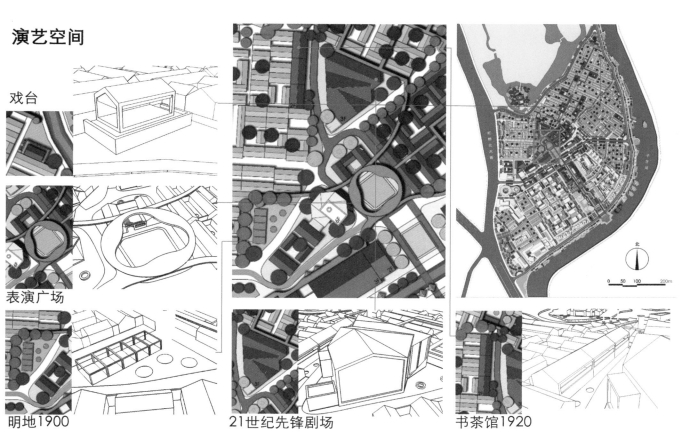

明地1900　　　　　　21世纪先锋剧场　　　　书茶馆1920

## 观演空间发展过程：

1. 有"观"有"演"，处在
同一平面——观演者间互动
性强

2. "观"高于"演"，观的
空间趋向建筑化——重点关
注观赏者感受

3. 演的空间趋向建筑化、集
中化——突出表演者演出内
容

4. 观的空间独立出来，规格
化、成熟化——观演模式基
本形成

5. "瓦肆勾栏"，观演空间整体趋于多元化、商业化　　　演 ＋ 观 ＋ 商

# 局部放大

综合商业轴

中部商业街成为地区南部与北部之间的过渡，由东至
西串联各尺度商业休闲广场，沿街立面富有变化

公共交通节点

考虑到未来新建地铁站周
边交通量大的特点，在此
集中设置演艺体验中心

植入演艺体验空间

北区改造尽可能保留原有
城市肌理，积极开发地下
空间及地面空间

# 北方工业大学

·河　　　北　　　工　　　业　　　　大　　　　学
·天　　　津　　　城　　　建　　　　大　　　学
·北　　　京　　　工　　　业　　　　大　　学
·**北**　　　**方**　　　**工**　　　业　　　　**大**　　　**学**
·北　　　京　北　　建　　筑　　业　　　大　　学院
·河　　　北　　农　　筑　　业　　　大　大　学
·河　　北　　建　　筑　　工　程　学　　学
·河　　北　　工　　程　　筑　大　大
·吉　　林　　建　　筑

# 指导教师感言

天津无疑是一座有故事的城。于我而言，天津卫是相声、曲艺、泥人张、大麻花，是曾经租界的异域风情，也是贫嘴张大民苦中有甜、有滋有味的生活。至今一想到天津，我的脑海里就会浮现出张大民家的"树屋"。然而，天津西沽地区对我来说还是有些陌生，西沽的源流，想必知之者也并不多吧。

本次联合毕设的选题颇具心思，选取了这样一个地方：虽有久远的历史，但其痕迹正在消失；虽有民俗文化，但却非阳春白雪；虽有更新潜质，但面临诸多矛盾；虽有西站副中心的定位，但踟蹰难行……如此复杂的条件，给学生们出了道难题。

设计过程无疑是艰辛的：现场踏勘，问题梳理，反复比较分析，明确发展目标与定位，寻找切入点，确定构思，深化方案……当然，艰辛定是有回报的，对学生而言，联合毕设的全过程自然远重于最后的成果。

所以，作为指导教师，我为我的学生们感到骄傲！

梁玮男

中期答辩在河北工业大学的红桥校区，淅淅沥沥的小雨让这座百年校园更蒙上了一层沧桑感，而连夜准备答辩的学子们无暇顾及这些，恍恍然一直沉浸在自己设计的场景里。终期答辩在河北工大的北辰校区，一大早开车带着学生迎着骄阳出发，驶向津门大地这座全新的校园。疲惫的学生自是无心欣赏车外的风景，自顾自地畅想着结束后的狂欢……或许，在众人看来这只是一年一度毕业季的最普通一幕，没有特别的，不会在意。但是，京津冀联合毕业设计，把几个学校的师生联系起来，特别是参与其中的同学，会很在意有过的经历，视其为人生的重要一步。在老师们的眼里，在意的更是各个学校毕业设计教学方法的异同，学习和借鉴，以及把自己的教学成果呈现在其他建筑院校的师生们面前，展示自己，听取意见和建议。对于我们教师而言，更是找到了归属感，无比欣慰。

任雪冰

又一年的联合毕设结束了。首先感谢今年联合毕业设计的承办学校做的大量工作，致以深深的谢意和敬意。做事不容易，做大家的事更不容易。

天津是一座我熟悉的城市，我的青春就在这座城市度过。再次做天津的设计，再次关注北运河，是因为联合毕设。每年的毕业季其实都是青春最美的日子，而联合毕业设计更是把不同院校最美的日子串联成一首可以让孩子们记忆的诗歌。我想刷图的日子，调研的脚步，天津的答辩都会成为这些美好记忆的一部分。

今年的联合毕设的长足进步预示了未来联合毕业设计的美好前景。交流与碰撞，沟通与展示，得到与付出，联合毕业设计搭建的平台是未来京津冀规划院校合作的基础。希望有更多合作、交流、碰撞，让三地的规划青年的成长更充实，让三地的规划合作更紧密，让联合毕设走得更远，更好……

李婧

2018年 城乡规划专业京津冀高校「X+1」联合毕业设计作品集

# 学生感言

## 方案一组

**钱　阔**：很庆幸能够在大学的最后一学期参加九校联合毕业设计，能够与其他学校的同学一起完成方案，互相学习，相互提升，让我收获很多。平时看着寝室同学悠哉地感受毕业的氛围，熬夜画图的我内心其实是拒绝的，但总算是坚持了下来，并为我的大学生涯画上了一个完美的句号。同时非常感谢九校联合毕设提供的平台，让我有机会在大学的最后一次设计中得到专家和老师们的指导，结识优秀的专业同学，认识到自己的不足。

相聚的时光总是短暂的，五年一晃而过，但是思念会留在心底。希望九校联合毕设越办越好，也希望小伙伴们越来越优秀。

**李　潼**：能够参加本次联合毕设，我感到幸运并时时为之感动，幸运的是我可以和九所大学的精英们同台交流，每个学校都有自己独特的思考角度与想法，大家对于西沽地区颇具创意的设计理念，也是让我大开眼界，受益颇多；感动在于九所学校的同学们对于此次毕设，都怀揣着巨大的热情，大家都本着规划人的操守去考虑现状、规划现状，我能和这些优秀的同学们在一起做方案，真的非常感动。

最后我也要重点说下组内其他成员们，参加联合毕设是一个比较辛苦的过程，而我们能一直全力以赴，同心齐力，不得不说，这真的是一群极为优秀的伙伴，感谢他们，也感谢老师一直耐心的指导。

**朱　旭**：作为城乡规划专业的学生有幸在毕业之际参与到联合毕设的活动中来，为我的本科专业学习画上了完整的句号。京津冀的协同发展也促使三地的学生拥有更多的机会相互交流，这对我们未来专业发展都是很好的经验积累。作为初出茅庐的城市规划者，我一直坚信"要用脚步丈量城市"。在多次的西沽地区实地调研和文献收集之后，我对天津有了更深入的了解。城市化的不断推进，迫使我们将精力更多投入在未来城市的塑造上，而老城区多因现存的种种功能缺陷被人们所诟病。在这次联合设计之中，我意识到保护老城区并帮助其合理发展是多么艰巨的挑战，因为大城市的保护都是都市社会创造非凡意义的都市环境的过程。我们无法给出最正确的改造方案，但分析挖掘的过程就是检验这五年所学的最好实践。

## 方案二组

**董明娟：**很荣幸能参与这次联合毕设，三个月来与各校老师同学的深入交流让我受益匪浅，各位专家的指导和建议也让我对规划学习有了新的认识。毕业设计作为本科五年来的最后一个学习环节，是对我过去学习的检阅和总结。而这次联合毕设的课题选择高度切合时代背景且具有一定难度，让我的思辨能力和设计创造能力都得到了很好的锻炼，所以既是一次检阅也是一次成长。这次经历也是对我接下来研究生阶段学习的一次考验，只有能耐下性子来研究问题，才能真正做出实际的学问。感谢遇见，希望接下来的联合毕设越办越好。

## 方案三组

**高　艺　刘雅萌：**参加联合毕设像是给我们的大学生涯交了一份答卷，虽然过程并不那么尽如人意，但结局还是很好的。五年的大学生活教会了我很多，而参加联合毕设的这半个学期教会我的只多不少，我真切地见识到了同年龄同专业的各个优秀学生的作品，也深刻地感受到了自己的差距和不足。从开题到中期再到终期，每一步我都受着来自各方面的熏陶，不论是设计思路还是设计方法，都深深启迪着我教育着我。感谢联合毕设的平台，让我们学习到很多从前没有的技能，感谢设计过程中指导我的老师，让我有了一个完整不留遗憾的大学结尾。

　　未来的路上，我会永远记得这次联合毕设带给我的一切，它们都会成为我前进道路上的财富与动力。

# 释题与设计构思

## 释题

本次毕业设计题目是"记忆·更新·价值——存量语境下的天津西沽地区城市设计"。

**记忆——回忆过去,铭记历史,聚焦"城市和人"**

记忆于城市而言,是城市形成、变迁和发展中具有保存价值的历史记录;于人而言,则是人生最值得珍视的东西。城市记忆不仅仅是建筑形态、街道肌理、历史街区,更重要的是城市的文化、城市的脉络、城市的生命,还有在城市中需要我们铭记的人。天津的老西沽,是一片位于北运河西岸的传统民居片区,因其地处沽河(北运河)之西,故名"西沽",是天津目前仅存的,建卫之时就留下的古村落。这片区域也是天津文史学家口中"代表在天津全域的本土文化历史脉络的街区","是天津市仅存的基本保持原生态风貌的历史地段,有着不可替代的独特性和唯一性"。西沽地区留存的,是天津弥足珍贵的记忆,天津值得珍视的文化。现存有道教、佛教、理教和基督教的文化遗产,还有独有的"西沽大鼓老会",特有的救济会、婚俗等非物质文化遗产。这里的民风展现一种既传统又创新,既开放又内敛的特性,也是天津人的特性。记忆,将是这个设计的核心关键词,没有记忆,没有文化,城市只能是一片荒芜。

**更新——呼应时代,把握今天,植入"新功能"**

历史和城市步伐不会停留,西沽的今天不能只记忆昨天,更重要的是如何把握今天,通过植入新的城市功能,激发西沽地区的活力,更新就是这个设计的第二个核心关键词。更新是在当前存量语境下的重要城市设计手段和目的。城市需要转型,环境需要提升,城市环境下生活的人也需要新的生活和谋生手段。新功能的植入是让西沽片区焕发新的生命力,只有新生的力量才能实现城市新陈代谢的发展。

**价值——挖掘价值,升华特色,实践新的规划价值观**

城市副中心似乎是西沽不菲的价值,如何解读副中心,如何解读真正西沽的价值是这个题目的焦点所在。记忆和更新也许是普世价值观都认可和容易达成一致的内容,唯有价值可能是不同人眼中不同的内容,才更有在新的历史时期让更多规划师讨论新的规划价值观的必要,也更是这个联合毕业设计题目亮点所在。不同的价值观体系会让不同规划师在西沽的特色中摘取眼中的瑰宝,发扬光大。

这几个关键词构成了联合毕业设计的核心,也构成了当前规划和城市设计的热点。如何引导学生更好地关注城市历史,关注构成城市历史的人,如何融合最新的城市发展理念植入新功能,如何真的建立可以关注历史、关注未来、关注弱势群体、关注城市真正价值的合格的规划师价值观,也许是题目的精髓所在。

## 设计构思

### 方案一

随着城市化进程的推进,很多颇具地域文化特色的老城区的空间环境正日益遭到破坏,城市空间结构与肌理也在不断改变。西沽地区作为天津城市发展的发源地,具有重要的历史文化意义。然而,该片区的城市现状却不容乐观:西于庄的传统建筑已经大量被拆除,历史文脉遭到严重破坏;西沽南片区虽然保存有较清晰的空间肌理,以及一定数量的传统建筑与较完整的院落格局,但依然面临着保护与更新的双重任务。

基于上述现状问题,本方案在扎实、深入的街区调研基础上,提取西沽地区的旧城更新核心问题,选定西沽南片区作为详细规划设计地段,针对该片区在产业、文化、环境、肌理、交通、公服设施等方面存在的主要矛盾,引入"织补"设计理念,提出具有可操作性的应对策略,明确存量语境下的保护更新思路,合理确定该地区的发展定位与规划结构,以保护该地区重要历史文化资源为前提,以"织补"为手段,试图为街区注入活力与生命力,探讨西沽地区的旧城更新策略。

**方案二**

在经历了快速城镇化阶段后，城市发展从以往的新旧区同步开发，逐渐走向旧区存量开发的内涵式发展道路。以存量开发为导向的城市更新活动作为城市建设的一种发展态势将成为城镇化新的引擎和助推器。而旧城地区的开发，如何平衡"历史保护"和"城市更新"的矛盾，如何在适应新的城市功能定位的同时体现原有的历史脉络和文化印记，是当前存量语境下的旧城更新急需探讨的问题。

此设计以天津市红桥区西沽南地区更新改造作为实证研究对象，对具有传统特色风貌的旧城片区的历史保护和城市更新需求之间的关系进行研究，在国内外城市更新理论与实践的研究基础上，分析总结存量开发导向下旧城区的发展特征和现状问题，提出以小规模、渐进式的更新理念，进行空间整合、道路交通改善、环境景观营造和产业发展规划，引导城市更新，实现土地的集约利用，从而活化存量空间。

**方案三**

整个地块以大量绿色连接，主要的绿轴贯穿南北，连接西沽公园和子牙河畔滨水绿带，与天津西站对望，形成通透的大型城市廊道。子牙河畔滨水绿带和北运河滨水绿带环绕整个地块，形成一整条绿廊，同产业带串联多个城市重要节点，形成"一轴两带多支点"的整体空间结构。在此基础上进行细部方案的构思。

（1）以各绿化景观空间为触媒点，进行激发、派生，使现有绿色空间彼此联系，形成规整完善的开放空间系统，进而形成主要活动景观节点，打造联系开辟斑块状中心绿地。

（2）延续地块内部既有脉络，保留老街巷纹理，对原地块内年代已久的、具有历史价值的树木植被进行保留，形成自然生态肌理，活化串连既有脉络与自然肌理，形成绿化空间界面。

（3）对既有地块外部城市主要街道进行复制，协调衔接内外肌理，并以丰富的建筑界面围合街道空间，将绿脉蔓延渗透入城市肌理中，形成绿轴，升级原有街道活力。

（4）对原有院落进行补充、扩建、规整、拆除等，调整原有建筑肌理，使其与街道及整个城市肌理有序融合。打造为可以将西沽现状的隐疾治愈的"治愈系"城市。

## ■区位分析

**环渤海经济圈**
· 复合经济圈：
一核两翼，三大经济区

**京津冀**
· 京津冀一体化
· 交通发达：高铁推动京津冀
一体化，构建半小时交通圈

**天津**
· 位置优越：背靠京冀，首批沿海开放城市
· 交通发达：港口为中心的海陆空相结合
· 旅游资源丰富

**红桥区**
· 天津的发祥地
· 天津西站，是连接南
北的重要枢纽站

**西沽地区**
· 西沽位于天津市红桥
区中部，横贯东西

## ■历史文化

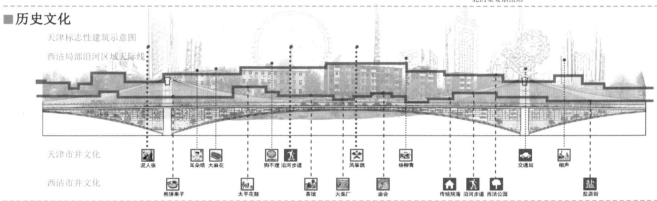

天津标志性建筑示意图

西沽局部沿河区域天际线

天津市井文化

西沽市井文化

泥人张　耳朵眼 大麻花　狗不理 沿河步道　风筝魏　杨柳青　交通站　相声

煎饼果子　太平花鞕　茶馆 火柴厂 庙会　传统院落 沿河步道 西沽公园　盐店街

## ■上位规划

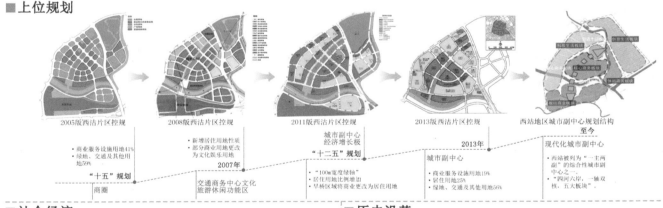

2005版西沽片区控规　2008版西沽片区控规　2011版西沽片区控规　2013版西沽片区控规　西站地区城市副中心规划结构

**至今**

· 商业服务设施用地41%
· 绿地、交通及其他用地59%

· 新增居住用地性质
· 部分商业用地更改
为文化娱乐用地

城市副中心
经济增长极
"十二五"规划

2013年

现代化城市副中心

· 西沽被列为"一主两副"的综合性城市副中心之一。
· "四河六岸，一轴双核，五大板块"。

**"十五"规划**

2007年

商圈

交通商务中心文化
旅游休闲功能区

城市副中心

· "100m宽度绿轴"
· 居住用地比例增加
· 旱桥区域商业更改为居住用地

· 商业服务设施用地19%
· 居住用地25%
· 绿地、交通及其他用地56%

## ■社会经济

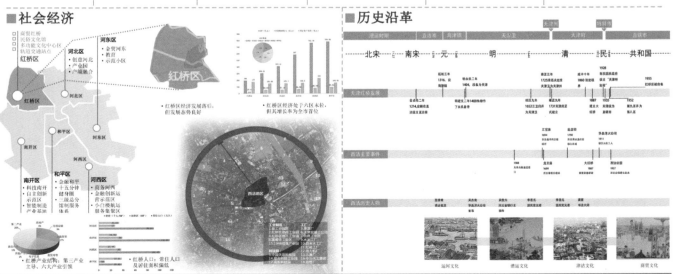

商贸红桥
民俗文化馆
多功能文化中心区
轨道交通站点

红桥区
河东区
· 金贸河东
· 教育
· 示范小区

河北区
· 创意河北
· 产业身
· 产业融合

河北区

和平区

河东区

南开区
· 科技创开
· 自主创新
示范区
· 智能制造
产业基地

河西区

和平区
· 金融和平
· 十五分钟
健身圈
· 三级总部
馆剧集聚

河西区
· 商务河西
· 金融创新运
营行区
· 小口楼航运
服务集聚区

· 红桥产业结构：第三产业
主导、六大产业引领

· 红桥区经济发展落后，
但发展态势良好

· 红桥区经济处于六区末位，
但其增长率为全市首位

· 红桥人口：常住人口
及居住面积偏低

## ■历史沿革

| 漕运时期 | 直沽寨 | 海津镇 | 天津卫 | 大津府 | 直辖市 |
|---|---|---|---|---|---|

北宋　南宋　元　金　明　清　民国　共和国

天津城镇发展

历史主要事件

西沽历史人物

运河文化　漕运文化　津沽文化　商贸文化

## ■ 特色资源研究

**运河**
七十二沽花共水，西今唯有西沽花存，西沽临水而建，拥有丰富的运河资源。

**特色民俗**
西沽有独特的特色民俗，如太平花鼓、盆糕、耍话、白拍会、制香等

**宗教文化**
西沽地区有多种宗教文化，道教、基督教和伊斯兰教共存。

**生态景观**
西沽临水而建，规划用地内又有西沽公园等景观公园，生态资源较为丰富。

**教育**
西沽地区是中国近代高等教育发祥地，经历了"废旧兴学"；曾是红桥九大墨之一的中国近代第一所大学——北洋大学堂。教育资源占比高。

**交通**
多元交通设施汇集，交通具有较大潜力，同时天津西站坐落于此，是天津主要交通枢纽之一

## ■ 历史文化研究

西沽特色文化

- 园河漕运：水多，桥多，渡口多（大红桥）；祖辈养船为业，船俗：纤夫佗；中国第一所近代学府
- 教育：张伯苓在此创办学校；食品小吃，商业繁荣
- 市井：制香，耍话，扎纸季；抖抆杆，栏手门（非遗）
- 演艺：太平花鼓
- 宗教：道教（三宫庙）；天主教（西沽教堂）；伊斯兰教（清真寺）

## ■ 基地现状分析

河北工业大学
西沽公园
龙凤槐
增产大道
光荣豆腐坊
子牙河
教堂
内河行轮董事局旧址
天津西站
大红桥
大红桥

**a. 建筑肌理**

**b. 建筑质量**

**e. 建筑类别**

**d. 道路交通**

**c. 建筑安全性**

## ■ 用地分析

R类用地

A类用地

B类用地

M类用地

G类用地

- 直观看出居住、文教、工业用地占比高。
- 问题：现有用地组成与实际定位相悖用地要结合现有资源重新调整。

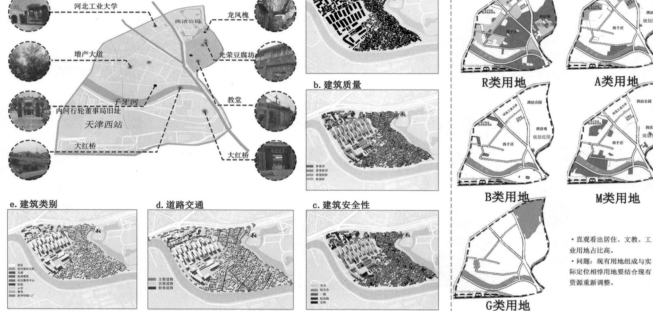

**周边现状道路**

**周边轨道交通**

**周边生态资源**

**周边建筑风貌**

快速路　主干道　立交
次干道

已建轨道交通线　规划轨道交通线
站点

历史风貌区　一般风貌区
环境整治区　规划范围

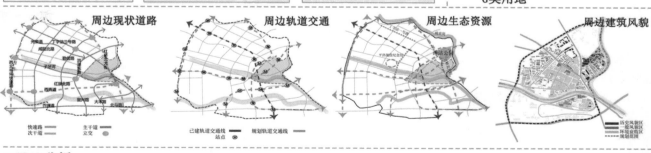

## ■ SWOT分析

**STRENGTH 优势**
- 西沽历史悠久，拥有较为丰厚的历史人文底蕴。
- 西沽拥有多元的历史文化，在市井、运河/漕运等方面都具有独特的地域性。
- 西沽拥有丰富的教育资源，教育文化始于近代第一所大学。
- 西沽拥有丰富的生态资源，临水而建，内有西沽公园等景观绿心。

**WEAKNESS 劣势**
- 西沽形成较早，服务设施落后，服务能力差。
- 西沽文化逐渐衰败，更多原住民离开此地，人口流失严重。
- 产业缺乏特色，业态现状低端，发展难以维继。
- 西沽仅有单一景观绿心，景观资源集中，而且运河利用不佳。

**OPPORTUNITY 机会**
市井文化
创意文化产业
文化输出
- 西沽被定位为天津城市副中心之一。
- 天津西站仁立于此，可以带来大量人流。
- 市井文化融入创意文化产业之中，形成独特的产业链条。
- 周边地区的现代化建设，西沽作为仅有的成片区老城，是否能以此作为吸引人流的特色。

**THREATS 威胁**
副中心
- 未来副中心，定位的地位太高，西沽的开发强度需要思考清楚。
- 西站带来的大量人流，对于现有地区的冲击，西沽需要做好准备。
- 对于现代化建设的冲击，古今文化的平衡是重中之重。

## ■案例借鉴

滨海湾区模式
新加坡

- 混合功能配置；
- 多样尺度城市空间与功能组合；
- 城市是多尺度转换的体系，"人的尺度"到"城市尺度"的城市空间与功能关系

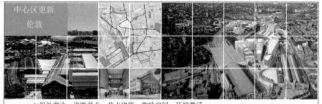

中心区更新
伦敦

- 织补理论：道路节点，节点建筑，趣味空间，环境激活；
- 路径式的公共空间，人性化尺度的公共空间；
- 保护性建造，修补城市历史文化

## ■发展定位

**总体定位**：规划拟将西站片区定位为功能复合的市井文化+创意产业的津沽文化发展新区

西站片区位于文化厚重的天津历史城区边缘，同时自身具有独特的文化资源，对于发展文化创意产业具有得天独厚的优势；既可激活衰败的历史街区，又提供全新的产业发展链条，让西沽发展稳步前进。

1. **产业定位**：以市井文化为核心，将其植入进创意产业，形成以市井文化+创意产业为核心的产业发展链条；

2. **功能定位**：以文化创意功能为主，市井文化功能、商务办公功能、居住功能（已建成）为辅，充满创新活力、生态宜居、具有激活老城区，衍生新活力的津沽文化发展功能板块。

## ■设计理念

环环相扣

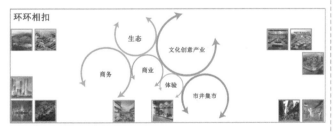

功能复合，存量更新

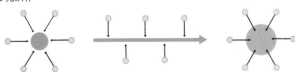

多重复合，有机共生

单一而无有机联系

多元织补

保护和保存已存在着的社会群体和社会网络，处理城市新旧交接过程中的种种不协调的问题，它不仅织补空间结构、建筑、景观、道路交通，而且还有织补历史文化、生活等方面的内容，强化其连续性、以人为本和保留原有生活方式，其核心是保存城市历史遗迹、挽留城市的历史、优化既成结构并延续城市文脉，留住乡愁。

## ■规划策略

**织补理论**下的西沽地区城市更新策略

①功能蔓延——功能多样并拥有历史市井记忆的片区
②空间织补——生态优良并织补线性空间发展的环境
③西沽慢行——环境宜居并符合人体尺度的步行空间

| 策略 | | | |
|---|---|---|---|
| 切入视角 | 城市功能 | 生态景观 | 文化空间 |
| 规划手段 | 点状植入 | 线状延伸 | 网状贯穿 |
| 提升方法 | 传承历史遗存 | 重振滨河环境 | 连接院落空间 |
| | 重塑公服体系 | 焕新修复绿网 | 营造慢行网格 |

元素提炼

 功能激活

 景观盘活

 文化焕活

**"理水、营城、忆史"**

## ■西沽片区总体概念规划

- 西沽公园
- 河北工业大学
- 传承风貌区
- 滨水商业街
- 创意办公区
- 居住区
- 商业区
- 商务区
- 文化展示及集散区
- 商务区

## ■总体概念规划分析

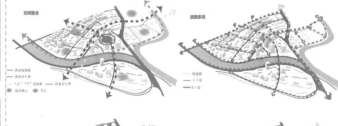

空间整合

道路系统

点状植入城市功能

线状延伸生态景观

## ■基地转型策略

 何去何从 明天

古西沽，环境优美，漕运繁盛，市井文化丰富，而如今不断衰败，是拆是留，西沽将何去何从？

设计通过织补策略，将被割裂的生活进行节点织补，使其有机生长，实现西沽地区记忆、更新、价值的承脉织新。

生活割裂　节点织补　有机生长

 产业低端 融合  产业1+N

产业链

村内充斥低端产业，严重制约了发展，如何振兴，吸引人流？

织入创新理念与功能，引导市井文化、生态休闲、特色商业、创意产业等，激发地块魅力，成为西沽地区的经济触媒点。

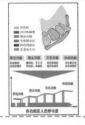

 文化流失 参与

村中环境破败，古建筑缺乏保护，乱搭乱建，文化流失，如何保留传统村落的文化记忆？

居民参与，文化自觉

以原有古建为基础，植入居民共享空间，提升居民的认同感，让原住民参与，传承。

历史文脉织补

延续传统的中式特色与文脉，保留历史记忆，留住乡愁。基地内各种功能节点以主动式插件形式嵌入，激活，带动周边地块发展。

传统文化活动织补

文化活动是传统文化传承的重要方式，保留传统文化活动，更重要的是为活动提供空间载体。

现代文化活动织补

织入现代文化及活动，丰富本地居民日常活动，强化居民的社区认同感和凝聚力，实现生活的织补。

 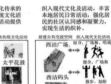

 环境破败 修复

内部增强，滨河改造

基地内部缺乏组织，缺少公共绿地，滨河资源不能物尽其用，如何加强生态景观联系？

通过沿河岸增设绿廊，增强水系景观与内部联系，同时内部增加街边绿地。

织入滨水景观功能  打通生态廊道 引入古渡文化

 肌理打破 重塑

肌理恢复，修旧如旧

基地原有空间肌理被打乱，在街巷尺度、风格、形态上被违建损坏，如何修补？

以街道原有肌理为主线，建筑腾退，街巷障碍物清除，恢复空间连续性。

拆除违建 高度统一 体量统一 风貌统一

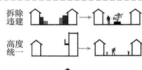

空间意向

 交通混乱 协调

内部干道 内部次干道 快速路 步行道

基地内较闭塞，对外交通性差，内部人行路网混乱，缺乏公共停车场，如何整治？

重新规划地块路网，形成对外主干道，衔接次干道，及居民步行使用廊道。

织补解析

延伸道路：增强直接对外可达性 规划设计内部干道，连接到西沽地区内，使整个片区打通

完善路网：解决交通混乱问题 整合内部路网，细化人车行道路，设立停车场

散乱、无序 归整、有序

空间意向

 设施匮乏 增补

老年人 原住民 青年人 租客

基地内缺乏公共服务设施，如何针对不同的居住人群配套相应服务区域？

青年人，设置氛围活跃的公共场所；老年人，配套社区养老服务站；原住民增加活动设施；租客配套日活服务。

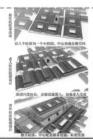

空间意向

## ■西沽南地块总平面图

1. 社区服务中心　　9. 文化展厅　　　17. 美食坊
2. 盐店街广场　　　10. 古树街边公园　18. 民俗世市集街
3. 西沽广场　　　　11. 龙凤槐广场　　19. 艺术家广场
4. 疗养会所　　　　12. 滨水广场　　　20. 宗教艺术广场
5. 西沽历史展览馆　13. 民宿休闲街　　21. 创意集市
6. 舟华火柴厂大院　14. 城市公园　　　22. 西沽码头
7. 口袋公园　　　　15. 演艺广场　　　23. 曲艺小剧场
8. 社区服务站　　　16. 印象西沽　　　24. 亲水平台
　　　　　　　　　　　　　　　　　　　25. 儿童游乐园

技术经济指标
总用地面积: 26.3ha
建筑面积: 18.1ha
容积率: 0.69
绿地率: 36.5%

## ■规划分析图

功能分区图

道路交通图

—— 城市快速路
—— 主干道
—— 次干道
—— 慢行道路

绿色系统图

—— 绿色系统轴线
○ 绿色节点
○ 滨水节点
—— 蔓延轴

游船路线图

游船驳岸点
游船线路

北方工业大学

## ■空间演变

设计起初从运河入手，向地块内部延伸。沿滨河设计多个节点。

滨河形成多个不同功能片区，将景观渗透进内部。

设计继续向北部延伸，结合西沽公园，打造生态居住片区。

## ■规划愿景

## ■空间结构图

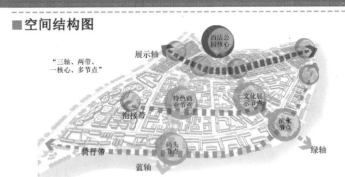

"三轴、两带、一核心、多节点"

展示轴
西沽公园核心
街接带
特色商业节点
文化展示节点
滨水节点
绿轴
骑行带
码头节点
蓝轴

## ■空间意向图

## ■居住片区详细设计

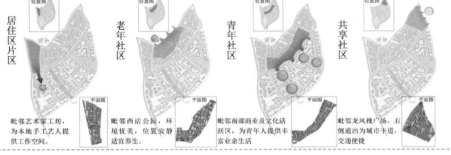

居住区片区
位置图

毗邻艺术家工坊，为本地手工艺人提供工作空间。

老年社区
位置图
平面图

毗邻西沽公园，环境优美，位置安静适宜养生。

青年社区
位置图
平面图

毗邻南部商业及文化活跃区，为青年人提供丰富业余生活

共享社区
位置图
平面图

毗邻龙凤槐广场，右侧通出至城市干道，交通便捷

## ■滨水片区详细设计

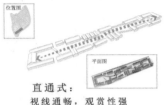

位置图
平面图

**直通式：** 视线通畅，观赏性强

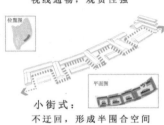

位置图
平面图

**小街式：** 不迂回，形成半围合空间

位置图
平面图

**小院式：** 私密性强静谧滨水空间环境

## ■特色街区详细设计

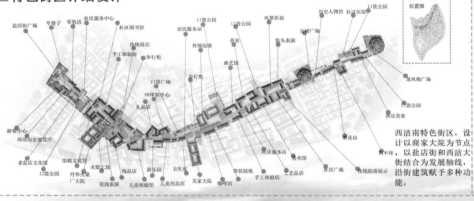

盐店街广场
室巷子
零售店
社区服务中心
社区图书馆
传统商店
手工体验坊
步行街
口袋广场
VR体验中心
礼品店
游客中心
西沽历史展览厅
老盐店文化馆
口袋公园
宗教文化馆
火柴工坊
丹华美坊
广大院
花鼓表演
儿童体验馆
饰品店
游乐馆
儿童用品店
吴家大院
啤酒街
居民服务站
传统院落
曲艺馆
茶室
口袋公园
口袋公园
历史人物馆
社区医院
凤筝作坊
码头表演
古树广场
社区服务站
美术馆
笼状绿地
手工体验店
工艺品店
社区广场
西沽美食
绣花坊
龙凤槐广场
口袋公园
传统院落展示
位置图

西沽南特色街区，设计以商家大院为节点，以盐店街和西沽大街结合为发展轴线，沿街建筑赋予多种功能。

## ■城市设计鸟瞰图

# 古韵·新生

存量语境下的西沽地区城市设计

## 背景研究

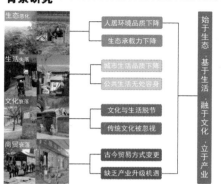

生态恶化　人居环境品质下降　生态承载力下降
生活失落　城市生活品质下降　公共生活无处容身
文化衰落　文化与生活脱节　传统文化被忽视
商贸衰落　古今贸易方式变更　缺乏产业升级机遇

始于生态·基于生活·融于文化·立于产业

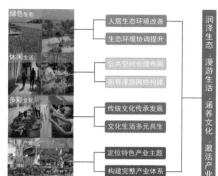

绿色生态　人居生态环境改善　生态环境协调提升
休闲生活　公共空间合理布局　街巷漫游网络构建
多彩文化　传统文化传承发展　文化生活多元共生
创意产业　定位特色产业主题　构建完整产业体系

润泽生态·漫游生活·涵养文化·激活产业

## 核心议题

| 历史保护 | | 城市更新 |
|---|---|---|
| 历史文脉 本土记忆 场所记忆 | 平衡 BALANCE | 转型发展 活化存量 环境优化 |

梳理秩序·回归本真

邻里关系　场所记忆　水系绿脉　林荫大道

## 概念引入

### STEP 1. 承旧

梳理现状，根据对基地居民的生活观察和访谈，提取活力点进行研究，并选取典型传统院落及保护建筑为活力点。

### STEP 2. 纳新

保护与整治传统片区，完善生活服务配套设施，植入产业并形成完整体系，打造创意文化活动区，带动区域经济发展。

### STEP 3. 重塑

联系古今，串联主要活力点，形成活力带。增加枝状联系，同时以活力点为核心，构建多层次功能分区及多元文化活动。

### STEP 4. 激活
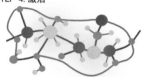
产业的生长激发文化活力，轴的延续，点的扩散，形成完整的结构体系，促进区域自组织系统形成，在交互中通过涨落达成有序发展。

## 现状分析

### 区域交通分析

地块联系着红桥区与中心城区，紧邻天津西站，是京津半小时交通圈的衔接点。

### 区域绿化分析

区域内水系众多，滨河区域绿化程度低，多为硬质河岸。西沽公园开放程度低。

### 区域风貌分析

西沽片区是纯本土文化的代表，具有从清末到现代保存完整的建筑形态，街道肌理和生活状态。

### 现状问题分析

主要道路　　轨道交通　　水系

绿化体系　　道路肌理　　建筑肌理

交通联系弱，东北侧无轨道站点，交通便利性低。水系均为硬质河岸，使滨水空间利用率低；绿地系统不成体系，生态网络缺失；旧区街巷尺度不能适应现代生活，造成交通不便；新旧区过渡不合理，造成城市肌理杂乱。

### 历史文化

私渡出现 1588年　运输业&官渡　1790年"靠内陆发展"　19世纪末 运输任务　1900年"于家堡"　至今

- 早年渡口可分为私渡、官渡和义渡三种。

- 天津"七十二沽"
  · 实则十七沽，其中葛沽与直沽、丁字沽历史为最悠久，故亦有以"三沽"称天津者。
  · 明初建卫时，北运河当时称为沽河，因其地处沽河之西，故名"西沽"。
  · 《天津通志》载：明代万历十六年（1588年），天津三卫在西沽（城北三里）、蒙公庵（河北）、北马头（城内河下）、真武庙（城东北阵）、宝船口（城东南五里余）、大直沽（城东南十里）、咸家口（城南十里余）等7处设立官渡，后年久废弛，至清初已无存。

- 1900年，日本人在于家堡建设"东洋渡口"；1954年填沽垃修智，改名"水路渡口"，李鸿章主持在此修建中国历史上第一条军用通信线路，90公里贯穿"北塘-大沽-天津"。

"东洋渡口"

## 总体规划

土地利用

片区划分

生态核心区
保留完善区
传统改造区
副中心核心区
西站配套区

交通结构

生态网络

规划结构

文化中心
文化休闲轴
商业休闲轴
商业中心
景观节点
滨河景观带

标识系统

规划界面

本次城市设计利用自然水系及西沽公园作为生态基质构架扇状生态安全格局，并由海河端点及西沽公园绿核为基点向东、西、北辐射延伸。

以西站副中心商务核为中心，分别形成南面西站配套区、北面生活服务区、东面传统风貌区和东北部生态核心区，构建以文化、商业、景观为主题，文化休闲轴、商业休闲轴、滨河景观带为轴线系统的核生轴，轴带点的城市设计框架。

## 西沽南片区详细设计

### Step1 传统与更新的融合

传统街区 ＋ 创意文化 ＝ 创意文化社区

传统风貌（生活轴） ＋ 创意产业（文化轴） ＝ 村落发展主轴线

### Step2 功能的置换

保留传统文化 ＋ 拆除部分住宅 ＋ 河道岸线软化 ＋ 植入绿色空间 ＋ 保留并整治街巷空间

文创展示　绿化　文化
功能的多样性
街道　商业　居住

＋
注入活力空间

### Step3 交流空间的"穿越"

选取住宅周围的破败空间为活力点，设置公共空间，主要为当地居民提供交流活动的空间。

社区生活路线与文化产业路线向水岸延伸，形成交流圈，将两种生活氛围更好地融合，打造舒适开放的社区氛围。

### Step4 传统片区改造

延续原有街巷肌理，在建筑空间上实行加减，让空间更宜人。

 加减

现状：院落残缺拥挤，没有活动空间

拆除补齐部分建筑，营造适合现代居住活动空间

现状：街巷狭窄，不适合现代生活 加减 拓展街巷尺度，提高街巷空间舒适度

## 设计策略

### 润生态系统设计

| 目 标 | 策 略 | 措施手段 |
|---|---|---|
| 构建涵润传统津沽生态景观体系和谐生态人居环境 | 改善水岸环境 | 形成生态网络 打造滨河开放空间 |
| | 构建绿色网络 | 丰富街巷景观 串联绿地广场 绿地系统网络化 |
| | 结合生态技术 | 新型生态社区 厂房生态化改造 |

### 设计导则

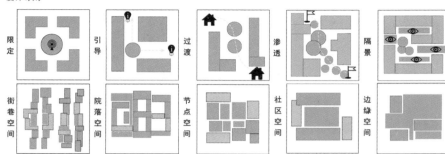

限定 / 引导 / 过渡 / 渗透 / 隔景

街巷空间 / 院落空间 / 节点空间 / 社区空间 / 边缘空间

### 活产业系统设计

| 目 标 | 策 略 | 措施手段 |
|---|---|---|
| 培育文化创意产业激活产业转型升级 | 特色产业定位 | 整合现有资源 提取文化要素 优化周边空间环境 |
| | 构造发展框架 | 回溯历史活力 建设公共文化展 沁涵文化游览轴 |
| | 自主有序发展 | 注入民俗文化活动 探索文化IP路径 展示历史文化脉络 |

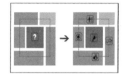

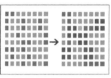

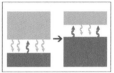

形成以津沽文化IP创作为主导，创意、旅游、商务等辅助的产业集群。构建多产业相辅相成、共同发展的产业链。

丰富相关产业，消除产业间的屏障。保持主导产业对外的良好联系的同时，在内部各产业间形成积极互动。

基于现有产业基础资源，植入新型产业形成活力中心。打通现有产业和植入产业的空间连接，形成树枝状蔓延式布局，形成产业链。

改善当前传统片区更新模式，以自我产业转型升级代替大量政府投资和商业开发。通过产业的发展提升，稳定经济基础。

### 漫生活系统设计

| 目 标 | 策 略 | 措施手段 |
|---|---|---|
| 重塑现代公共生活构建新型漫游体系 | 公共设施策略 | 完善公共服务设施 构建社区服务网络 |
| | 交通体系策略 | 构建漫游网络 协调动静交通 |
| | 公共空间策略 | 构建社区活力带 营造多元街巷生活 |

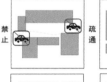
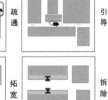

禁止 / 疏通 / 引导 / 保留 / 静态

复合 / 拓宽 / 拆除 / 连通 / 分级

### 涵文化系统设计

| 目 标 | 策 略 | 措施手段 |
|---|---|---|
| 重现运河漕运文明涵养传统津沽文明 | 传承多样性 | 保护现存街巷风貌 恢复历史文化资源 优化周边空间环境 |
| | 提高展现力 | 回溯历史活力 建设公共文化展 沁涵文化创意轴 |
| | 激活创造力 | 注入民俗文化活动 营造传统生活氛围 展示历史文化脉络 |

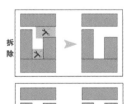
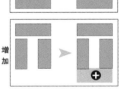

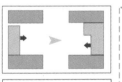
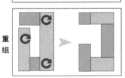

拆除 / 增加

置换 / 重组

典型院落中后期加建的连建部分，和外围景风貌较差或建筑质量较差的建筑进行拆除。还原完整的院落空间，还原传统院落风貌。

残破不全的院落，尤其是典型院落周边建筑完整度较弱的部分院落。适当加建以使院落空间复原。

对于建筑与周边环境协调性较弱的，在不破坏原有建筑风貌的基础上适当置换建筑方位或功能。以更好的满足景观及使用需求。

对于建筑比例、建筑尺度及建筑属性混乱的、与现代建筑功能发展不协调的，对建筑重组以满足需求。整合现有资源，提升院落使用效率。

## 产业植入构思

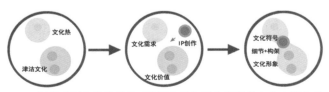

随着中国文化符号的"美学自信"正在提升并向广大青少年普及，传统文之美也正在借由各自容易传播的产品走消费者，把握好传统文化的资源利用，再塑文化价值，形成文化产业链。

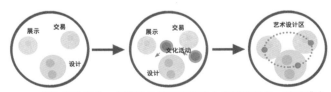

植入设计产业，打造设计展示及历史文化展示平台，并形成小范围的交易区，通过开展设计艺术节等公共文化活动，激活产业联系，形成居民自主参与的艺术设计区建设。

北方工业大学

087

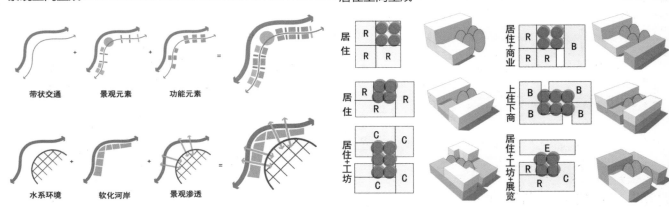

# 古韵·新生

存量语境下的西沽地区城市设计

景观空间生成 •••••••••••••••••••••••••••••••••••••••• 居住空间生成 •••••••••••••••••••••

带状交通 + 景观元素 + 功能元素 = 

水系环境 + 软化河岸 + 景观渗透 = 

居住

居住

居住+工坊

居住+商业

上住下商

居住+工坊+展览

平面图 ••••••••••••••••••••••••••••••••••••••••••••••••••••••••••••••••••••••••••••

0M 50M 100M

技术经济指标

用地面积：26.3HA
建筑面积：19.4HA
建筑密度：28%
容积率：0.73
绿化率：35%

主要轴线

开放空间

活力网络

古韵·新生

**节点空间**

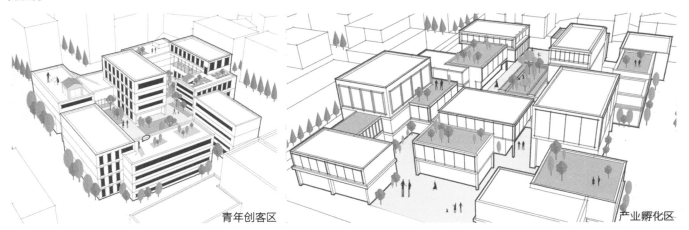

青年创客区　　　　　　　　　　　　　　　　　　产业孵化区

湿地公园　　　　　　　　生态体验区　　　　　　　开放空间　　　　　　　体验空间

**空间效果**

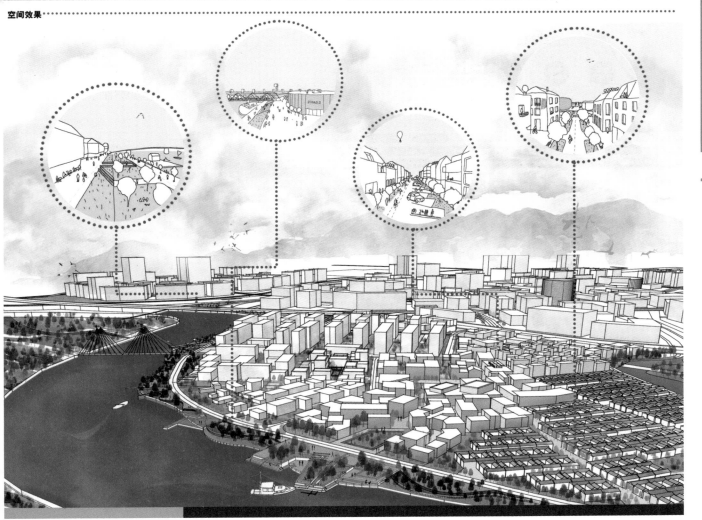

北方工业大学

089

# 治愈·西沽 存量语境下的天津西沽地区城市设计
## HEAL CITY THE URBAN DESIGN IN THE CONTEXT OF INVENTORY

治愈

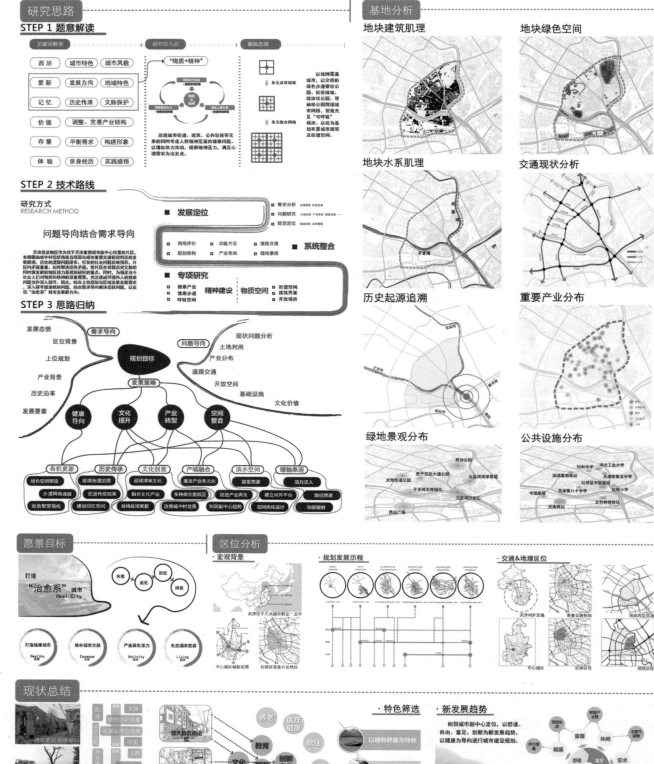

## 研究思路

### STEP 1 题意解读
关键词解读 — 研究切入点 — 解题思路

"物质+精神"

### STEP 2 技术路线
研究方式 RESEARCH METHOD
问题导向结合需求导向

- 发展定位
- 专项研究
- 系统整合
- 精神建设 物质空间

### STEP 3 思路归纳

规划目标
发展策略

健康导向 · 文化提升 · 产业转型 · 空间整合

有机更新 历史传承 文化创意 产城融合 滨水空间 绿轴串连

## 基地分析

地块建筑肌理 | 地块绿色空间
地块水系肌理 | 交通现状分析
历史起源追溯 | 重要产业分布
绿地景观分布 | 公共设施分布

## 愿景目标

打造"治愈系"城市 Heal City

失意 追溯 回忆 待遇

打造健康城市 Healthy | 修补城市文脉 Essence | 产业再生活力 Activity | 生态涵养宜居 Living

## 区位分析

· 宏观背景
· 规划发展历程
· 交通&地理区位

## 现状总结

· 特色筛选
· 新发展趋势

# 二 治愈·西沽

**存量语境下的天津西沽地区城市设计**
HEAL CITY THE URBAN DESIGN IN THE CONTEXT OF INVENTORY

## 发展方向

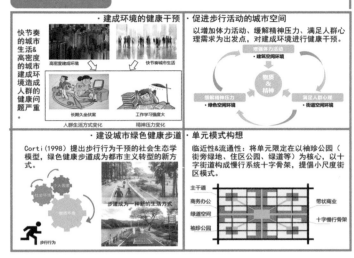

- 建成环境的健康干预

快节奏的城市生活&高密度的城市建成环境造成人群的健康问题严重

- 促进步行活动的城市空间

以增加体力活动、缓解精神压力、满足人群心理需求为出发点，对建成环境进行健康干预。

- 建设城市绿色健康步道

Corti(1998)提出步行行为干预的社会生态学模型，绿色健康步道成为都市主义转型的新方式。

- 单元模式构想

临近性&流通性：将单元限定在以袖珍公园（街旁绿地、住区公园、绿道等）为核心，以十字街道构成慢行系统十字骨架，提倡小尺度街区模式。

### ·中国传统街巷尺度

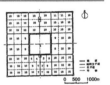

西周王城规划结构示意图　　三等采邑规划结构示意图

| 类型 | 城市名称 | 典型街廊短边 |
|---|---|---|
| 中国古代城市 | 汉魏洛阳 | 225m |
| | 曹魏邺城 | 280m |
| | 隋唐长安 | 250m |
| | 隋唐洛阳 | 250m |

中国街区尺度演进对比图

## 空间结构

整个片区以大量绿色连接，主要绿轴贯通南北，连接西沽公园和天津南站，形成大型城市带状绿轴。滨水景观带与产业带串连多个城市重要节点形成整体空间结构，即

**"一轴两带多支点"**

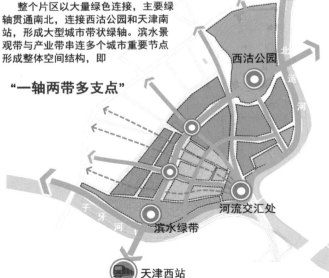

西沽公园

北运河

子牙河

滨水绿带

河流交汇处

天津西站

## 愿景理念

### ·城市设计策略

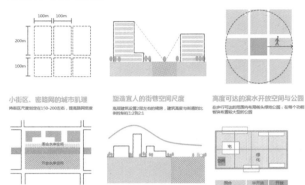

小街区、密路网的城市肌理

两街区尺度规划在150-200左右，提高路网密度

塑造宜人的街巷空间尺度

高层建筑设置2层左右的裙房，建筑高度与街道的比例控制在1:2到2:1

高度可达的滨水开放空间与公园

在步行可以达的范围内布置临水绿地公园，在每个功能板块布置较大型的公园

开放与围合兼顾的水岸空间，提供多样的滨水体验

对于水岸的处理，水系节点设置绿地数做公共性的开放空间，小水系作为组团内部的留地加以利用

城乡和谐的天际线

城市边界不再是高层同着农田的过渡，建筑排布让天际线更自然的过渡

袖珍绿化及空间的融洽

袖珍型城市的建立，将大量袖珍公园与开放空间和建筑结合，营造高比例的公园

### ·设计理念

**更新策略**

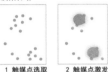

1 触媒点选取　2 触媒点激发　3 触媒点派生　4 触媒点联系　5 联动生面

**开辟中心绿地**

1 梳理开放空间系统　2 形成主要活动景观节点　3 打造联系形成系统

**建筑策略**　　**联系主要节点**

补充　　1 路径整合

扩建　　2 优化交通体系

规整　　3 增加步行交通和必要车行交通

拆除

## 愿景理念

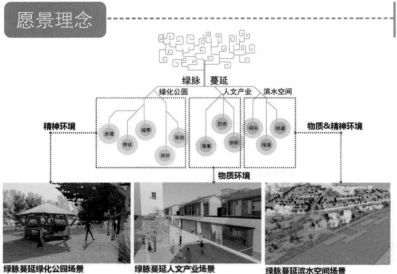

**绿脉蔓延绿化公园场景**

**绿脉蔓延人文产业场景**

**绿脉蔓延滨水空间场景**

**1 既有脉络**

延续地块内原有城市脉络体系，保留老街巷纹理。

**2 保留树木**

保留原地块内年代已久或有历史意义的树木植被，自然形成生态肌理。

**3 活化串连**

串连既有脉络和景观肌理，以袖珍公园串连，形成绿化空间界面。

**1 既有街道**

地块外部既有一条重要城市道路，作为地块内部主要道路模板。

**2 复制街道**

按地块外主要道路形态规划内部主要道路，使道路系统活化。

**3 建筑融合**

以丰富的建筑界面围合街道空间，同时在主要道路两侧形成设计主要绿轴，联系南北，将原有道路活力升级。

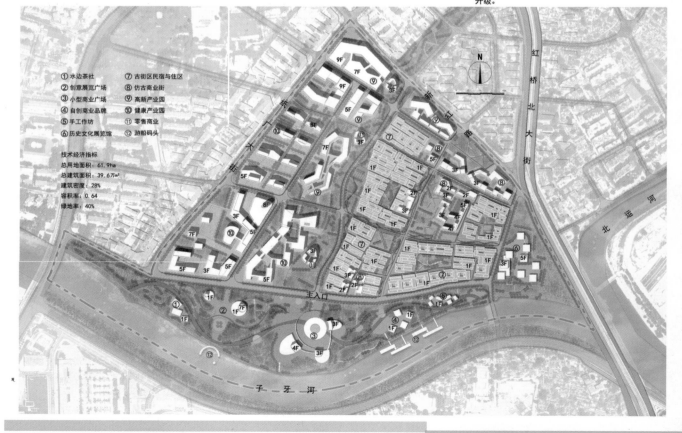

①水边茶社　⑦古街区民宿与住区
②创意展览广场　⑧仿古商业街
③小型商业广场　⑨高新产业园
④自创商业品牌　⑩健康产业园
⑤手工作坊　⑪零售商业
⑥历史文化展览馆　⑫游船码头

技术经济指标
总用地面积：61.9ha
总建筑面积：39.6万㎡
建筑密度：28%
容积率：0.64
绿地率：40%

北方工业大学

功能分区 ----

滨水商业街
健康产业园
高新技术开发园
居民区
仿古商业街
仿古民宿
文化展览园

方案生成 ----

·道路肌理 +

·绿色空间 +

·水系网络 +

·建筑空间 =

·方案生成

方案分析 ----

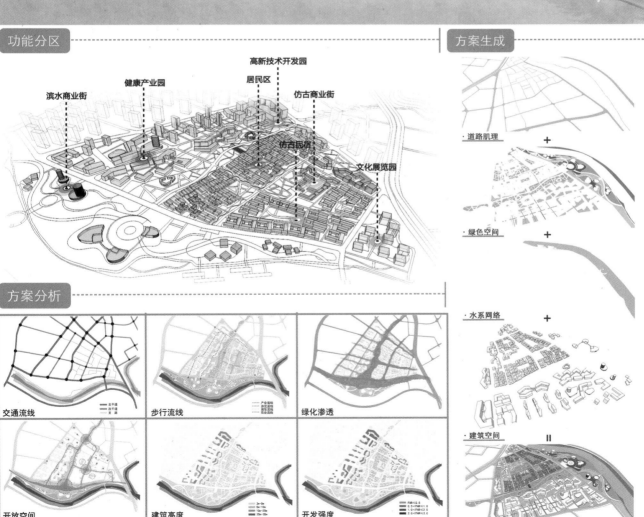

交通流线

步行流线

绿化渗透

开放空间

建筑高度

开发强度

## 水绿环境

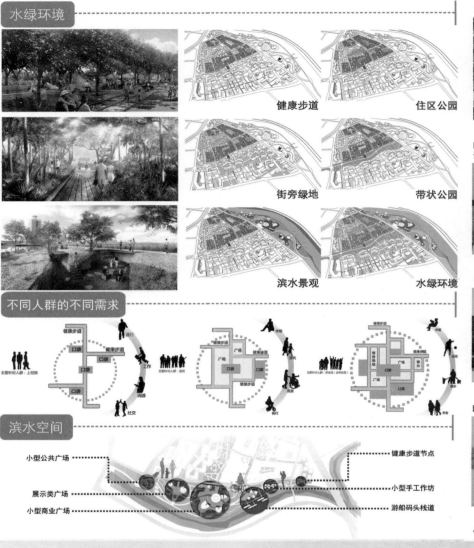

健康步道　　　　　住区公园

街旁绿地　　　　　带状公园

滨水景观　　　　　水绿环境

## 不同人群的不同需求

主要针对人群：上班族

主要针对人群：游客

主要针对人群：游客（全年龄段）

## 滨水空间

小型公共广场 ·········　　　　　········· 健康步道节点

展示类广场 ·········　　　　　········· 小型手工作坊

小型商业广场 ·········　　　　　········· 游船码头栈道

### 场景营造

**场景一**
延续历史脉络场景：还原具有天津历史风味的建筑院落形态，单体建筑围合小院落，各院落间围合公共开放公园，营造适宜各年龄层居住的居住环境。

**场景二**
院落细部场景：在传统院落的基础上适当更新，在保留原有风味基础上吸引新鲜血液，提升城市活力。

**场景三**
仿古商业街场景：与周边老城肌理融合，添加现代因素，形成有历史风情的商业街。

**场景四**
产业片区场景：整体为现代风格，建筑体量稍大，但与旧街区相容，以健康步道串连。

# 北京建筑大学

# 指导教师感言

　　京津冀联合毕业设计是一个纽带，是一个桥梁，它把京津冀地区的城乡规划类高校联合起来，学子们互相学习，教师们互相交流。相信通过这样的平台，我们京津冀地区的城乡规划教育水平将得到提升，将有力促进我国城乡规划教育的发展。这里将走出更多的新时代建设者。希望京津冀联合毕业设计越办越好，影响力越来越大。3个月以来的交流，使我发现学生们潜力无限，教与学相长的魅力。希望明年再来。

荣玥芳

　　本次设计选址的西沽地区是天津的发源地和未来的副中心，今日之任务即是链接历史与未来。两组学生分别以"源·翌"和"博沽通津"为设计主题，以城市人的视角，在子牙河畔承载历史，畅想未来。从对当地的深入调查和居民访谈入手，通过对今日存量语境下的城市更新的探索，传承西沽之源和运河文化，描绘科技体验和创新创业的美好蓝图。

　　其实这次设计不仅是对设计地块的"历史、当下、未来"的探索，更是对于学生5年学习生涯的承启。通过最后一个设计作业检验5年来的学习收获，通过联合设计这个窗口打开视野看到更多的不同，通过对毕业成果的总结做好迎接未来挑战的准备。

　　于毕业季，与学生们一起探索西沽发展，一起经历毕业彷徨，一起畅想青春未来，幸哉！愿不忘初心，认真前行！

陈志端

# 学生感言

曹阔庭：这次的联合毕业设计是我大学生涯的最后一次设计，也是让我收获最多的一次。联合设计不同于校内设计，它让我开阔眼界，增长见识，认识了许多其他学校的朋友，很感谢主办方能提供给我们这次宝贵的机会。

同时我也十分感谢我的老师同学们，我有两位非常好的老师一路认真负责地指导我们，有几位并肩作战的好同学，是他们陪伴我走过这难以忘记的最后的大学时光。这次的设计由我担任组长一职，这是我大学第一次担任组长的职务，在设计中和同学的沟通，和老师的协调都让我收获颇丰。希望以后还可以参与到类似的活动中，祝京津冀联合毕业设计越办越好！

叶昊儒：这是我们本科阶段的毕业设计，从去年冬季调研到开题，至中期答辩，再到最终出书成册，我们经历了本科最后阶段，最美好的时光。有老师的支持，同学的陪伴，以及外校伙伴的热情招待。在这六个月的时光里，总是觉得时间太短，还不能好好体会，就已经擦肩而过。再次表示对老师和同学的感谢。

北
京
建
筑
大
学

097

靳紫柔：随着毕业即将到来，我们的毕业设计也划上了圆满的句号。毕业设计是我们学业生涯的最后一个环节，不仅是对所学基础知识和专业知识的综合应用，更是对自己的一种检测和考验。毕业设计是结合专业课题，把学过的专业知识运用于实际，在理论和实际结合的过程中把知识转化为分析和解决实际问题的能力。

在此我要感谢我的指导老师，以及小组的成员们，感谢他们给我提供的帮助。整个毕设的过程是艰辛的，但收获也同样巨大。在整个设计中我懂得了许多东西，培养了我合作工作的能力，树立了对自己工作能力的信心，相信会对我的学习工作生活有正面的重要影响。我们大学生毕业后，不论将来从事什么工作，本次毕业设计给我带来的都一定会是难忘的体验和感动。

王紫迪：毕业设计作为本科阶段最后一个课程作业，对我来说意义是不一样的。这次的联合毕设给我们提供了一个很好的互相学习的机会，所以我很坚定地选择了为天津西沽地区城市设计的联合毕设。

本次设计一共有两次九校答辩，在面对众多专家、老师和同学的情况下，同学们能汇报得有条不紊，把自己的设计尽可能精简地阐述明白。并且在听完其他学校的方案后，我对本次课题有了更深更全面的理解，也深深地感受到，大家的切入点不同，设计的结果也会不同，很多时候设计并没有好坏之分，只是大家的关注点和侧重点不同。

总之，联合毕设作为本科阶段最后一个课程设计，它不仅仅是一个设计那么简单，更让我了解到了其他高校的实力，同时也是我本科阶段一个美好的回忆。

吴立颖：在这次毕业设计中经过对西站红桥片区深入的调研与研究，从中发现这里是天津之源，历史悠久，但现状却早已不再繁荣，地块生活的现状与未来的发展存在很大的困境，历史文化与地方民俗文化保护刻不容缓。我们希望借西站之力，通过我们的设计再塑一个天津明日之源，在追忆历史的同时展望未来。核心城市设计紧扣未来与创新，旨在打造一个天津创新展示的窗口，科技创新灵感的源泉，未来生活的体验中心。最终我们希望子牙河片区可以成为有特色的创新体验门户，引领未来的红桥走得更远。

张佳雪：五年大学生活的结尾，很高兴我能选择从未接触过的联合毕设、超级喜欢的指导老师以及配合默契的队友，并且在这几个月中从其他学校同学和老师那里学习到了很多知识。

这次联合毕设针对天津西沽地区提出记忆 · 更新 · 价值三个重点词，这片被规划为天津副中心的地区因为承载着天津的历史存在争议。在尊重记忆的基础上，我们在更新与价值方面做了更多的思考与设计，给出天津西沽未来的一种可能性，以《源 · 翌》为题，使规划地块内的历史与未来相互融合，又形成对比，让天津之源依然是天津之源。

经历这次联合毕设磨炼的我一直在成长，愿西沽与我都有更美好的未来！

# 释题与设计构思

## 释题

"西沽三水汇流处，南北运河清贯中。徒时堤防宁有是，要当善道备宣通。"西沽地区是天津市的发祥地。作为京杭大运河的重要节点，因漕运而起，借漕运而兴，又地处子牙河北运河三岔河口的西沽，既传承有序又比较完整地保存着清末到现代建筑形态、街道肌理和生活状态历史街区，展示的是与租界地区、老城厢地区相对应的老城外运河文化，同时1949年后的历史又给它烙上一些时代印记，使之历史层次感更加分明、厚重。相对于历次"创造性"修葺的租界地区、"开发性"重建的老城厢地区，其更具有不可多得的历史感和更多的原真性，是天津城市传统生活状态和传统文化的唯一遗存，具有不可替代性。

此次的主题是记忆、更新、价值，除了对现状的调查，更多的是多一份历史与未来，发展与传承的思考。拿到题目后，走访在北运河边，听着当地老大爷的讲解，似乎时间又回到了从前。在西沽地区还保留着当时的习俗和文化，而一河之隔的对岸早已是高楼林立。而这里的未来也很有可能不复存在，规划时想要的并不只是文化的传承和旅游的带动，在发展的同时，也希望保留下这里的习俗，留下这些美丽的人，让西沽一代代流传下去。

虽然西沽现存众多历史保护建筑，但同时又拥有大量的破败的房屋、逼仄的街道、四处乱搭乱建的违章建筑，以及各种条件缺失的公共设施。对文化的保存不代表不更新，只有适当的发展才能让人生活更加美好。在天津市总体规划中，西沽地区是天津市五个城市副中心之一的"西站副中心"的重要组成部分，承担着"中心商务区"的功能。天津西站的发展是该地区发展的重要条件。因此，此区域的规划也应兼顾居住、商业及商务功能，并充分考虑与承担"交通枢纽"功能的西站之间的关系。

## 设计构思

**方案一：博沽通津——天津西沽地区城市设计**
**设计成员：曹阔庭、叶昊儒、靳紫柔**
**指导教师：荣玥芳、陈志端**

整体方案分为两大部分，整体的概念规划以及重点地段的城市设计。

我们通过对该地区的现状问题进行梳理，发现了阻碍该地区发展的几个主要因素，文化的消失、产业的落后、居民生活条件差是现存的主要问题。因此，在具体的设计中，我们通过对文化活动的策划，产业园区的建设，生活设施以及环境的改善，来解决上述问题，将该地区打造为一个和谐繁荣，生态宜居的地区。

具体的设计构思体现在两方面。第一方面：博沽，我们希望以创新创业产业集群来带动该地区，通过近年来热门的众创空间模式，结合地区特色，形成三种结合模式，将学校＋众创空间、社区＋众创空间、企业＋众创空间运用在设计之中，通过新型产业与新型模式逐渐带动整个红桥区的经济发展。第二方面：通津，我们将天津各个地区的文化活动进行提取，与当地留存的文化建筑、文化符号进行融合，在基地的重点地段打造文化活力点，形成独特的西沽文化网络，将西沽特有的文化和历史发扬光大。

通过博沽和通津两大规划策略，实现博西沽，再现红桥繁荣之景；通天津，重塑运河文化辉煌，达到真正的博沽通津。

**方案二：源·翌——天津市西沽地区城市设计**

**设计者：张佳雪、王紫迪、吴立颖**

**指导教师：荣玥芳、陈志端**

整个方案包括两大部分：整个研究范围的概念规划和重点片区的城市设计。

概念规划中，我们把天津西站副中心定位为创新展示中心。设计主题为源·翌。源代表天津之源，是西沽的历史；翌则是西沽的未来，我们的方案旨在传承历史的同时，展望未来。方案的规划结构是两轴、两带、两中心和七片区，其中的设计重点是依托现状基础、紧扣主题的子牙河体验未来带和北运河追忆历史带。

我们选取能快速带动天津西站周边发展的子牙河体验未来带作为重点片区进行城市设计。设计以未来即翌为主题，以科技的休闲方式为载体，主要包括三大版块：体验、交流和思考，其中体验版块又分为：生活、交通、生态和科技四个创新科技体验主题。不同的功能配以适合它的空间形态，让人们在休闲娱乐中体验未来、在尖端科技中激发无限可能。

## ■区位分析

全国
·环渤海经济圈重要城市
·与北上广之间联系便捷

天津市
京津城际铁路使两城市
联系十分紧密

天津中心城区
·海河经济带重要节点
·天津"西北门户"

红桥区
位于红桥区东北部
天津西站以北,交通发达
子牙河和北运河相交而过

红桥区结构图

## ■上位规划

■红桥区的目标定位为

京津之桥
津卫之门
海河之源
流通之城

《天津市总体规划》 《天津市中心城区总体规划》 《红桥区控制性详细规划》

特色:整体风格以商务办公、商业金融和居住功能为主导,现代商务办公建筑和现代居住建筑是本地区的最大城市特色

红桥区定位:对外陆路交通枢纽、市级商务中心、商品集散中心、科研成果转化基地、旅游发展区、生态宜居城区
西站定位:在子牙河、西沽以及西站地区,依托交通优势与环境优势,建设综合性的以文化、商贸与商务职能为主的中心

| 现状 | 趋势 |
|---|---|
| 1.区域经济发展滞后 | 1.五大国家战略 |
| 2.区域发展不协调 | 2.综合交通枢纽 |
| 3.城市功能尚不完善 | 3.西站城市副中心全面建设 |
| 4.民生保障任务较重 | 4.旧城改造 |
| | 5.历史文化生态资源积聚 |

## ■历史文化

津卫摇篮:隋炀帝修建京杭运河后,在南运河和北运河的交会处(今金钢桥三岔河口),三河海河。三会海河,是天津最早的发祥地。

盐文化与运河文化:唐朝芦台开辟了盐场,在宝坻设置盐仓,辽朝在武清设立了"権盐院",管理盐务。南宋金国贞佑二年(1214年),在三岔口设直沽寨,是为天津最早的名称,元朝改直沽寨为海津镇,这里成为漕粮海运的转运中心,设立大直沽盐运使,管理盐务。

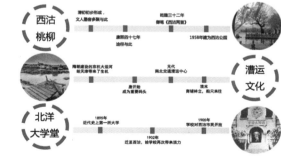

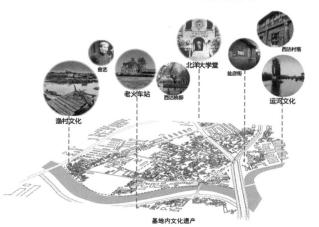

基地内文化遗产

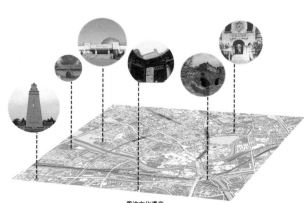

周边文化遗产

## ■产业分析

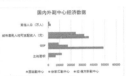

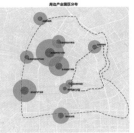
周边产业园区分布

周边教育资源分布

红桥区产业结构现状：
第三产业主导、六大产业引领
产业层次有待提升并已形成规模集聚

1.科研创新产业层次较低
2.缺乏全要素、开放式的新型创业公共服务平台
3.总部聚集但企业层次相对较低

## ■政策趋势

2016年
我国技术合同成交额达11407亿元
我国高新区总数达146个
营业收入达27.7万亿元
同比增长9%
我国新增备案高新技术产业
2.5万家
累计已达10.4万家

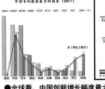

●全球看，中国创新增长幅度最大，近年来发展迅速
●全国看，天津仅次于北上广等一线城市，已经初具规模

## ■用地分析

### 城市建设用地平衡表

| 用地代码 | | 用地名称 | 用地面积(hm²) | 占城市建设用地比例(%) |
|---|---|---|---|---|
| | | | 现状 | 现状 |
| R | | 居住用地 | 138.67 | 50.70 |
| A | | 公共管理与公共服务设施用地 | 23.82 | 8.71 |
| | 其中 | 行政办公用地 | 5.30 | 1.94 |
| | | 文化设施用地 | 0.72 | 0.26 |
| | | 教育科研用地 | 17.60 | 6.44 |
| | | 体育用地 | 0.00 | 0.00 |
| | | 医疗卫生用地 | 0.19 | 0.07 |
| B | | 商业服务业设施用地 | 8.28 | 3.03 |
| M | | 工业用地 | 24.49 | 8.95 |
| W | | 物流仓储用地 | | |
| S | | 道路与交通设施用地 | 37.08 | 13.56 |
| | 其中 | 城市道路用地 | 9.41 | 3.44 |
| U | | 公用设施用地 | 1.67 | 0.61 |
| G | | 绿地与广场用地 | 39.52 | 14.45 |
| | 其中 | 公园绿地 | 37.45 | 13.69 |
| H11 | | 城市建设用地 | 273.52 | 100.00 |

●居住品质差，三类居住用地过多
●缺乏商业设施、配比严重失衡
●商业级别过低，辐射不足

●教育科研较为集中，用地充足
●文化设施和医疗用地不足
●总体公共管理用地充足，公共服务设施用地较少

## ■交通分析

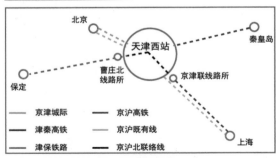

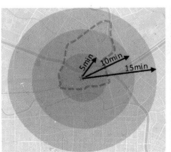

| | 天津西站 | 天津站 | 天津北站 | 天津南站 |
|---|---|---|---|---|
| 位置 | 红桥区，天津之源、津沪铁路起点站 | 坐落在天津市中心的海河之滨 | 位于天津市河北区津沪线、津山线的慢车陆续移至天津北站 | 位于天津市西青区张家窝镇，是京沪高速铁路的中间站 |
| 功能 | 客运、以李港地方铁路运输为主的装卸货运车站，服务范围广、站点多线长 | 客运、轨道交通集中换乘为核心、高铁、动车、普铁 | 客运、中国数一数二的古老车站 | 客运、货运 |
| 交通 | 公交首末站、出租车停车场、地铁一号六号线 | 公交首末站出租车停车场、地铁三号线 | 地铁三号线 | 地铁三号线、公交线路少 |
| 特色周边 | 周边功能缺乏 | 周边功能完善、环境良好 | 周边城市空间衰落、服务设施少 | 周边用地荒凉、没有开发建设 |

西站有良好的地理优势，与北方各地有良好联系，但现状的活力不足，缺乏特色，基地位于西站影响域范围内，机遇与挑战并存

周边道路交通较好，有方便的交通联系，但基地内部交通较为混乱，岔路、断头路众多

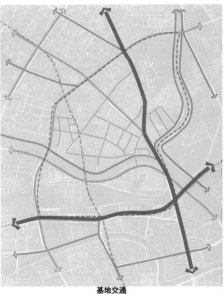
基地交通

## ■总结分析

S
·交通便利，天津西站的吸引力巨大
·西沽公园生态环境良好，对周边人群的吸引
·西沽南片区历史悠久，保存完整，体现天津文化特色

W
·空间环境、质量较差，废弃空间待更新
·街巷空间混乱，高架、滨水等地存在消极空间
·配套设施、公共服务缺乏，居住品质差

O
·基地将被打造成西站副中心的战略定位
·政策趋势利好，双创政策、运河文化遗产
·现状的破败使居民的更新意愿强烈

T
·整体经济活力不足，传统产业的竞争力不强
·现状文化底蕴不足，文化遗产的待利用
·周边地区的强大吸引力

2018年 设计 作 品 集
城乡规划专业京津冀高校「X+1」联合毕业

□ 总体框架

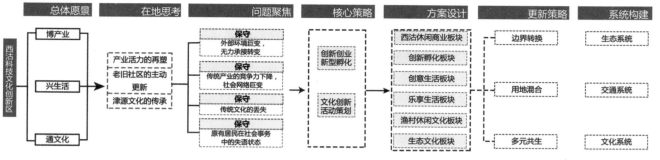

| 总体愿景 | 在地思考 | 问题聚焦 | 核心策略 | 方案设计 | 更新策略 | 系统构建 |

西沽科技文化创新区 — 博产业 / 兴生活 / 通文化

在地思考：产业活力的再塑 / 老旧社区的主动更新 / 津源文化的传承

问题聚焦：
- 保守：外部环境巨变，无力承接转变
- 保守：传统产业的竞争力下降，社会网络巨变
- 保守：传统文化的丢失
- 保守：原有居民在社会事务中的失语状态

核心策略：创新创业新型孵化 / 文化创新活动策划

方案设计：西沽休闲商业板块 / 创新孵化板块 / 创意生活板块 / 乐享生活板块 / 渔村休闲文化板块 / 生态文化板块

更新策略：边界转换 / 用地混合 / 多元共生

系统构建：生态系统 / 交通系统 / 文化系统

□ 问题聚焦

周边活力不足，河工大人才流失
城市功能割裂
高架分割城市用地
公园品质和可达性
社区配套设施不足
产业低端且生活联系差
棚户区生活氛围差

红桥区的产业竞争力不足
周边地区的吸引力大
滨河使用率低且界面不连续
滨河两岸联系较弱
整体文化氛围不足
桥下、沿河等消极空间

人 & 人
1. 多元结构人群基础
2. 居民更新意愿强烈
3. 社区产业合作

人 & 空间
1. 消极空间待激活
2. 文化遗产待利用
3. 废弃空间待更新

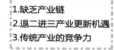
人 & 产业
1. 缺乏产业链
2. 退二进三产业更新机遇
3. 传统产业的竞争力

□ 更新要点

**博产业 · 梳理集中**
CARDING & CONCENTRATE
将碎片化的产业进行整合，集中成组团发展，并形成与地块的相互联系

产业混乱无序　　形成组团，取得联系　　地块发展，反哺周边

**乐生活 · 提取混合**
EXTRACT & MIX
在基本无法保留的现状中，梳理建筑质量风貌较好的，与新建筑新功能进行混合，服务老旧社区

现状混乱，基本无法保留　　提取较好的元素进行保留　　与新建筑新功能结合

**通文化 · 线路策划**
LINE & PLAN
对文化要素进行提取，在集中点进行活动策划，并让文化线路通过基地，形成文化网络，并以一个大的整体与外围进行呼应。

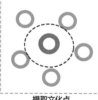  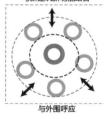 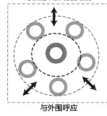

提取文化点　　线路策划，形成网络　　与外围呼应

□ 规划要素

规划以创新、创业、文化、生活为四个大的出发点，通过对需求的分析和理论的植入，将不同要素进行串联。

创新 — 车间 / 创客空间 / 实验室 / 共创 — 创业 — 休闲空间 / 创客咖啡 / 文创园 — 文化 — 历史特色 / 活动 — 生活 — 服务设施

# ■总体定位

西站城市副中心核心区域　　面向天津的科技创新交流中心　　打造生态宜居与历史文化荟萃的示范区　　区域性的综合交通枢纽

# ■总体概念规划

整体功能分区图

详细功能分区图

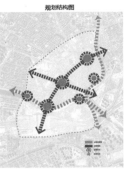
规划结构图

道路规划图

绿地系统图

整体结构上，通过高架和河流将片区分为三大板块，最北侧依托西沽公园和西沽南古街区，打造西沽生态人文，成为西沽文化的象征
中间为主要片区，依托周边的资源优势及交通条件，打造科技文化创新交流中心，以集约共享的理念，将整个红桥的产业活力，文化活力进行带动
南部为枢纽商业区，依托西站便利的条件，未来带来的巨大人流活力，将旱桥地区打造高端精品商业，服务西站以及产品区人群。

规划结构上，打造两轴两带多点的结构。沿北运河和子牙河打造生态发展带。
主要轴线连接天津西站与西沽公园，沿轴线将现代向历史过渡。次要轴线从生活学习向产业研发过渡，实现功能上的联络。

交通上进行路网梳理，将原有的岔路、断头路进行整理，整体路网以纵向为主，连接西站与地块，增加活力，辅以横向路网，形成方格型密路网，便利内部交通

绿地系统上以西沽公园为主，子牙河以北建设滨水公园，服务周边居住小区，同时主要道路周围敷设绿地，以大面积绿化打造优美城市景观。

# ■微型创新产业集群

概念解读

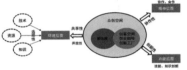

校企合作模式

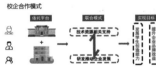

社区整合模式

有效满足大众创新创业需求、具有较强专业化服务能力的新型创业服务平台
总结推广创客空间、创业咖啡、创新工场等新型孵化模式，构建一批低成本、便利化、全要素、开放式的众创空间。

产业四、科技四等划拔出地块，形成独立的孵化器、加速器其中进行创新创业，招商合作，不断的企业注入，做大后进入产业园、科技园中形成批量运行在环境层面、众创空间具有资源、技术与知识的选择性、开放性和共享性
在精神层面，众创空间具有浓厚的协作性
在功能层面，众创空间突出强调创新性

校园众创
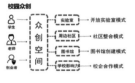

社区众创
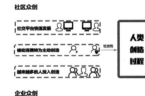

企业众创

开放实验室模式　　图书馆创建模式

# ■文化荟萃宜居城市

文化宜居是宜居城市建设的重要组成部分，意味着城市不仅要为居民提供舒适宜人的物质生活，还应为人们带来精彩的精神文化生活。

## 博览文化类

| 文庙博物馆 | 老城博物馆 | 广东会馆 |
|---|---|---|
| 概况 | 原作为明清两代天津官学和祭祀孔子的场所 | 原为买办徐朴庵宅室，典型传统民居三进四合套院落 | 原为清朝天津海关道唐仪俊道尹的广东旅津人士的寄寓机构 |
| | 现为天津文庙博物馆，传承中华传统儒家思想以及尊师重道、孝悌礼让美德 | 现为展示天津老城遗韵及其发展历程的人文博物馆 | |

(图片) <br>

## 商业历史风貌类

| 新意街 | 古文化街 | 鼓楼商业街 |
|---|---|---|
| 原为意大利在天津市的租界区 | 1985年，天津市将宫南大街、宫北大街修建古文化街 | 2001年重建天津鼓楼，属于国家2A级景区 |
| 现为以异域餐厅、酒吧以及高档酒店为主的异国生活体验区 | 现是展示天津文化遗韵及其发展历史的文化风景旅游步行街 | 现是集旅游、文化、购物于一体的民俗商业旅游行街 |

## 业态特色

| 新意街 | 古文化街 | 鼓楼商业街 |
|---|---|---|
| 异域风情酒吧、咖啡厅、特色餐馆、特色工艺品以及展览区 | 具有天津本土特色的文化用品、服装和老字号小吃泥人张彩塑、古籍、杨柳青年画 | 文玩珠宝、特色餐厅、民俗文化商业形式，还有部分代购商业形式 |
| | 福楼餐厅、成桂西餐厅 | 耳朵眼炸糕、茶汤 |

## 人文创意功能

| 民园西里 | 先农大院 |
|---|---|
| 休闲餐饮、创意市集，展览活动 | 公共艺术广场，艺术表演，主题活动，创意展览，时尚餐饮 |

(图片)

## 公共交往空间

| 民园广场 | 庆王府 |
|---|---|
| 健身、娱乐、休闲、购物、展览于一体 | 文化旅游、商务会议、餐饮休闲 |

## 历史风貌建筑文化活动

| 文庙活动 | 老城博物馆 | 广东会馆 |
|---|---|---|
| 祭孔大典与古制乐舞表演 学子开笔礼和成人礼。 | 民俗文化小剧场品茶、观赏相声等表演。 | 天津青年京剧人才实践基地，为青年京剧演员打造了一个展示的平台。 |

经济技术指标

| 规划用地面积 | 53.5hm² |
| --- | --- |
| 总建筑面积 | 1099194m² |
| 建筑密度 | 31.58% |
| 容积率 | 2.05 |
| 绿地率 | 30.20% |

## 生态

设计通过区域融合、绿色街道、社区花园、花园广场四个方面，构建完整的水绿网络。

1.梳理基地内水系与绿地系统，融入城市生态系统；

打造城市绿色街道系统，通过线性空间将两河生态与景观优势引入办公内部；

在此基础上，构建联合办公花园与公园广场等空间节点，形成完善的绿色网络系统。

2.结合西沽公园，子牙河休闲游园，城河游园，街头公园，西沽文化纪念公园以及都市渔田等重点城市公园，形成丰富的城市交流场所，策划多样活动，打造西沽文化品牌，激发场地活力

公共空间是形成城市体验的重要因素，我们根据基地特征，打造滨河景观界面，通过绿色廊道渗透入场地内，改善办公社团区域内消极空间，提供生态化体验。

## 交通

围绕生态交通概念，形成与生态街区相匹配的交通体系，构建以步行者为中心的步行环境，高效便捷的换乘公交系统，实现人流的快速运转。根据场地现状，从三个步骤为地区提供城市人群出行的生态体验：通过各个交通系统深化设计，提高地区可达性与效率性同时促进人、河、城之间的联系，实现对用户友好的生态交通，从而形成人与自然亲密关系的生态交通。

□分析图

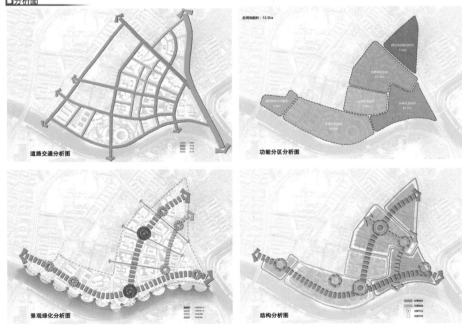

道路交通分析图

功能分区分析图

景观绿化分析图

结构分析图

## 结构

两主两次、两心多点。两条主轴分别为时间轴和生态轴

纵向时间轴，联结天津西站与西沽公园，从现代的产业向历史文化过渡横向生态轴，将居住、生态、商业、文化等串联起来，打造宜居的生态城区。一心为两轴交点，设生态公园，是人群交流活动的集中点，另一心为商务中心，为产业集群的室外公共活动中心。

## 分区

渔村文化休闲板块，生态文化板块，创意生活板块，乐享生活板块，西沽休闲商业板块，创新孵化板块，共六个大的板块。

## 近期

激发触媒
带动改造
社区织补

近期完善幼托、小学、邻里中心等生活服务设施，增建生活服务中心，改善居民基本居住条件。随产业更新转型，促进居民就业，带动社群织补。

## 中期

辐射成网
特色营造
社区重构

以两条绿带为枢纽，联系社区各个服务设施。开启公租房项目建设，传统住区进行历史街区改造，营造地方特色，重构新型社群。

## 远期

激活片区
品质提升
社区融升

在近中期的成果基础上，带动一般性住宅的改造，提升环境品质，创造多元活动空间，促进地方社区和谐共荣。

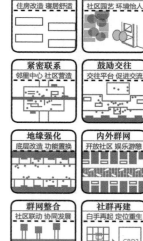

| | |
|---|---|
| 社群延承 住房改造 宜居舒适 | S-A2 |
| 社群延承 社区园艺 环境怡人 | S-A1 |
| 社群延承 设施优化 活动多元 | S-A3 |
| 紧密联系 邻里中心 社区营造 | S-B1 |
| 鼓励交往 交往平台 促进交流 | S-B2 |
| 加强互动 内源激活 活力家园 | S-B3 |
| 地缘强化 底层改造 功能置换 | S-C1 |
| 内外群网 开放社区 娱乐游憩 | S-C2 |
| 业缘再造 触媒联动 优活社区 | S-C3 |
| 群网整合 社群联动 协同发展 | S-D1 |
| 社群再建 白手再起 定位重生 | S-D2 |
| 新群入驻 局部重建 旧区再生 | S-D3 |

**■ 时序规划分析图**

近期规划建设

中期规划建设

远期规划建设

终期规划建设

# 整体更新策略

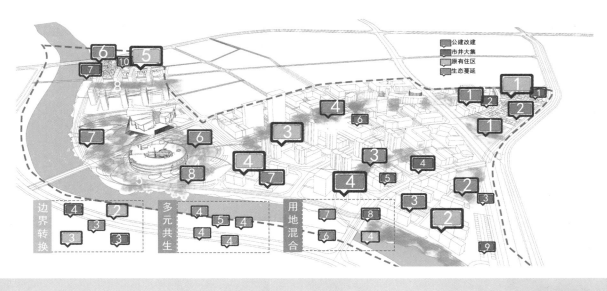

公建改建
市井大集
原有住区
生态蔓延

边界转换
多元共生
用地混合

边界转换　转换阻隔边界　形成人文纽带
力图实现子牙河和快速路从阻隔边界向活跃边界转
换,街道从衰落边界向活跃边界的转换

用地混合　灵活分配用地　有效利用空间
通过对不同模式与众创空间的结合,将资源有效利
用,减少交通时间,促进交流,增加城市活力

多元共生　兼顾多元生活　打造趣味慢城
充分考虑多种人群的需求,提供容纳多种活动的空
间容器

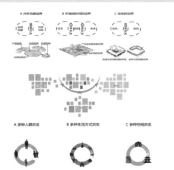

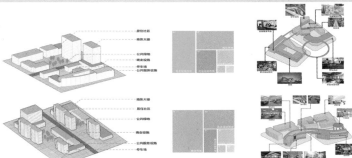

## □边界转换效果图

问题:桥下空间缺乏利用
解决:整、梳理市场,增加景观小品及公共空间

问题:功能单一,河岸景观不开放
解决:增加步行,混行车道,公共景观小品

问题:道路占用,利用率低
解决:增加道路利用率,菜市场空间改造

问题:涵洞 消极空间 安全问题
解决:灯光 摊位 交通疏理

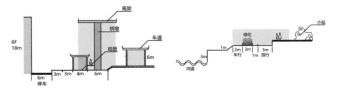

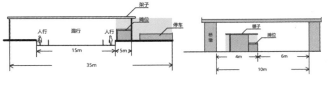

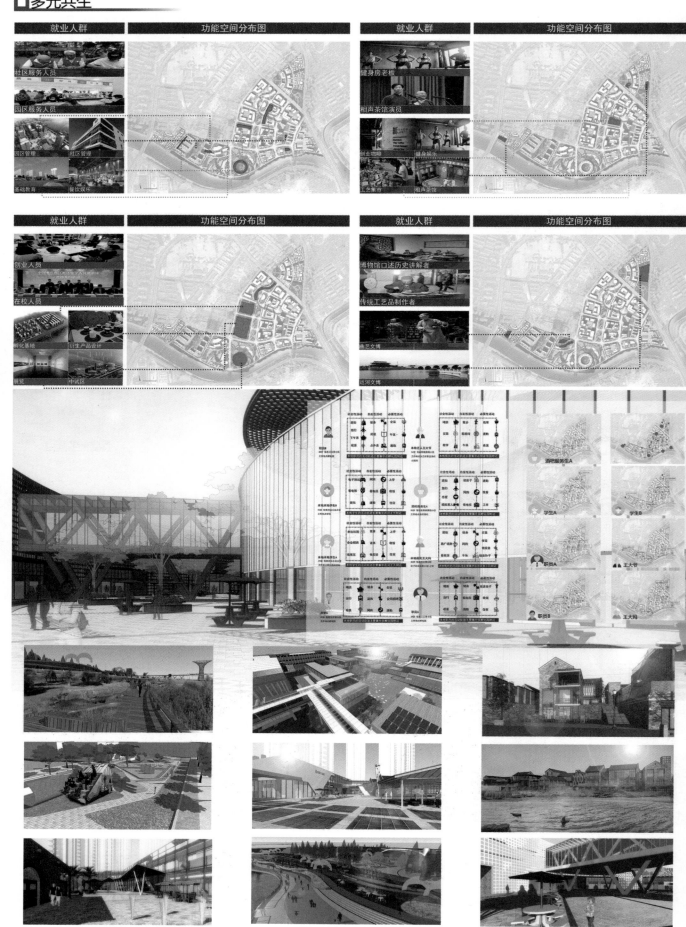

## 区位分析

规划基地之于天津中心城区

天津之于京津冀

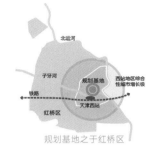

规划基地之于红桥区

规划基地位于天津市西沽地区，子牙河与北运河交界处，面积321.4ha，以北运河、光荣道、洪湖东路、西青道为边界。
西沽是天津市的发祥地。京杭大运河的重要节点，展示的是与租界地区、老城厢地区相对应的老城外运河文化。如今规划为天津副中心，却面临对历史保护不充分，发展动力不足等问题……

## 红桥历史

### 历史遗迹

大红桥

北洋大学堂

天津西站

大红桥是天津历史上第一座单孔拱式铁桥，大红桥是红桥区区名的由来，是红桥区标志性建筑物，具有重要的文物价值。

北洋大学堂的创办推动了我国第一个近代学制的产生，为我国高等学校初创时期体系的建立起到了示范作用，开启了中国近代教育的航程。

砖红色的德国新古典主义建筑。目前，天津西站老站房为天津市文物保护单位和特殊保护等级历史风貌建筑，也是这一地区的地标性建筑

## 历史沿革

**隋 公元前486年**

隋炀帝开凿的京杭大运河成为贯通南北的水陆交通动脉。位于红桥区的三岔河口，是天津最早的发源地，地区逐渐有了以捕鱼、晒盐为生的人家

**北宋中叶**

红桥区形成天津最早的居民聚居地

**金**

设"直沽寨"，用于保证漕运的安全畅通

**元**

改直沽寨为"海津镇"，红桥区三岔河口成为海运、漕运的南来船队必经的咽喉之处

**明永乐二年（1404年）**

开始筑城设卫，在西沽等七地设渡口，西沽聚落逐渐繁荣

**清朝**

康熙下令修建通州至西沽的河道

**近代**

再次发展，形成许多里巷，西方文化的传入，与传统西沽相互交融

**新中国成立后**

活力衰退，逐渐形成棚户区，但依然存在着清末、民初的生活格局

源 · 翌---天津西沽地区城市设计

## 红桥定位

### 天津的陆上门户

红桥区与滨海新区的分工合作
——陆上门户与海上门户

红桥区——天津的陆上门户，在天津建设北方经济中心的过程之中，红桥是华北、西北等地区人流进入天津的必经之地。

位于天津西北部的红桥区作为天津中心城区的重要组成部分，有责任和义务推动西部城镇迅速发展。

同时也应紧抓机遇，积极进行产业结构调整和发展经济，推动自身功能置换和空间调整，为天津构筑北方经济中心作出贡献。

### 中心城区的西北门户

天津市中心城区对外交通枢纽，市级商务中心之一、商品集散中心、科研成果转化基地、旅游发展区、自然人文景观丰富的生态宜居城区。

从天津中心城区的各区经济水平对比的结果来看，和平区具有明显优势，也就是天津的中心区积聚了大部分发展资源。

通过对比其余五区的经济状况和其地理位置，我们发现天津中心城区的西北部的经济最为薄弱。

纵观天津城市格局和上位的副中心规划，在中心城区西北部的确需要一个能带动周边发展、吸引人流的副中心。

天津西站副中心的存在是无需置疑的，但我们需要引入合适的产业，才能激活天津西站周边，进一步使其真正激活天津的西北部。

## 政策导向

### 西站副中心

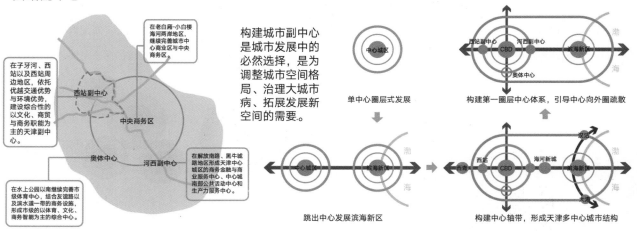

构建城市副中心是城市发展中的必然选择，是为调整城市空间格局、治理大城市病、拓展发展新空间的需要。

### 创新产业

**十九大**
创新是引领发展的第一动力，是建设现代化经济体系的战略支撑。

**天津十三五**
构筑现代化产业发展新体系，建设全国产业创新中心和国际创新城市。

2016年

我国技术合同成交额达11407亿元

我国高新区总数达165个
营业收入达27.7亿元
同比增长9%

我国新增备案高新技术企业2.5万家
累计达10.4万家

研究与实验发展（R&D）经费支出（亿元）

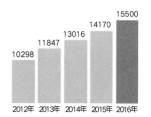

国内发明专利申请量（万件）

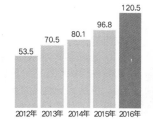

全国研发（R&D）人员总量（万人/年）

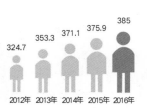

2018年 城乡规划设计专业京津冀高校「X+1」联合毕业设计作品集

源·翌---天津西沽地区城市设计

## 交通体系分析

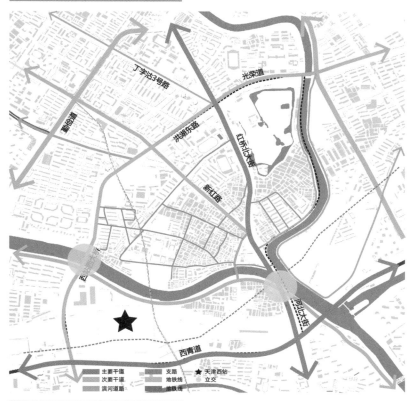

主要道路都为高架路，并没有为基地内部提供便利反而使基地变得割裂

次要道路通达性强，但对地块造成强烈的割裂感，割裂人行通过两侧景观单一

滨河道路两侧的空间品质缺乏设计，河道景观没有被充分的利用慢行空间缺乏

支路两侧空间环境品质较差，密度高但是断头路较多，缺乏安全性，体验性差

## 空间属性分析

### 现状用地分析

□ 居住品质差，三类居住用地过多
□ 缺乏商业设施、配比严重失衡
□ 商业级别过低，辐射不足

□ 教育科研较为集中，用地充足
□ 行政办公集中在子牙河北侧
□ 文化设施和医疗用地不足
□ 公共服务设施用地较少

### 建筑质量·风貌

### 景观·视廊

## 现状分析总结

| 交 通 | 功 能 | 建 筑 | 景 观 |
|---|---|---|---|
| ·西站北广场与子牙河两岸交通缺乏联系 | ·地块原功能单一，缺乏活力，缺乏动力 | ·大部分建筑质量破败，棚户区危房易倒塌 | ·子牙河水系污染严重，水生物受影响死亡 |
| ·内部交通缺乏管制，内部街巷空间混乱 | ·配套设施，公共服务设严重施缺乏 | ·西沽地区风貌破坏严重，历史风貌难寻觅感受 | ·城市天际线乏味无趣，西站缺乏门户界面 |
| ·公共交通系统不完善，内部出行不便利 | ·西站北广场与子牙河两岸交通缺乏联系 | ·建筑肌理规律可循，要进一步梳理完善 | ·地块内绿地空间缺乏，绿化不成体系 |
| 缺乏联系 混乱乏味 | 功能单一 缺乏活力 | 质量破败 风貌危机 | 水系污染 绿化断裂 |

## 源·翌---天津西沽地区城市设计

## 源——历史文化传承方式研究

### 保护
——西沽文化与运河文化继承

**历史建筑节点保护**

方法1：完全保留其建筑风貌与功能。　方法2：完全保留其建筑风貌，加入新的功能。

### 链接
——历史文化肌理空间的延续

**历史街巷路径链接**

方法1：通过控制D/H实现街巷肌理的延续。　方法2：运河文化与西沽文化通过路径链接。

### 融合
——历史文化与城市发展的联系

**历史文化融入城市网络**

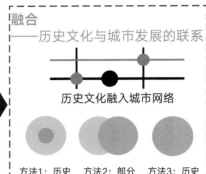

方法1：历史文化作为城市网络中的重要节点。　方法2：部分历史载体与城市新功能融合。　方法3：历史文化带动整体城市发展。

## 翌——西沽未来发展方向研究

### 天津模式，输出新的开发理念

#### 产业——创新引领

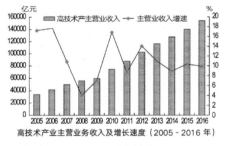

高技术产业主营业务收入及增长速度（2005 - 2016 年）

天津高新技术产业呈现不断发展的趋势。面对经济发展新常态，想要赢得新的发展优势，根本出路在于创新。强化产学研合作集聚优质创新资源，加大原创性技术供给。

#### 窗口——场所补充

天津北部缺失展示窗口

依托天津西站可带来的巨大的人流量和副中心建设所提供的政策支持，在天津西北部补充一个城市级窗口性创新场所，展示天津发展过程中的创新特色。

### 西部窗口，展示区域特色

#### 衔接

创新展示中心　中央商务区CBD　商业服务中心

**天津主要轴线上重要节点衔接**

在天津的主要发展轴上，与中央商务区CBD，商业服务中心相衔接，互为功能补充，形成创新展示中心。三个重要节点相互促进，共同带动天津市发展。

#### 转型

传统制造业+居住　→　依托天津西站建设的创新展示中心

## 基地定位——源·翌

**源**
- 历史文化风貌展示
- 天津本土传统文化活力区
- 运河文化保护与传承示范区

**翌**
- 天津市创新交流展示中心
- 滨江文化休闲区
- 西北部开放门户
- 综合性交通枢纽

# 源·翌---天津西沽地区城市设计

2018年
设计作品集
城乡规划专业京津冀高校「X+1」联合毕业

保留建筑及其规划引导作用

**仓储设施**
西侧建筑保留其天津西站邮件监管场地功能，东侧建筑质量良好，改造成为以科技为载体的交通体验功能。

**保留住区**
优化——现状住区质量较好，但是存在活动场地、停车位、绿化缺乏等问题。

**高等院校**
该片建筑为河北工业大学城市学院，另外地块内还有几所学校，全部保留原有功能和肌理。

**西沽公园**
西沽公园是研究基地范围内的重要生态资源之一，对其不做改造，拓宽周边道路。

**医院**
基地内唯一一所医院：天津市红桥中医医院。建筑质量较好，位置处于地块中部，便于服务整个地块。

**西沽南**
天津城建城时期的古村落，本土文化的最后孑遗，历史价值极高，规划策略以保护修复风貌为主。

历史文化风貌展示

源 天津本土传统文化活力区

运河文化保护与传承示范区

天津市创新交流展示中心

翌 滨江文化休闲区

西北部开放门户

综合性交通枢纽

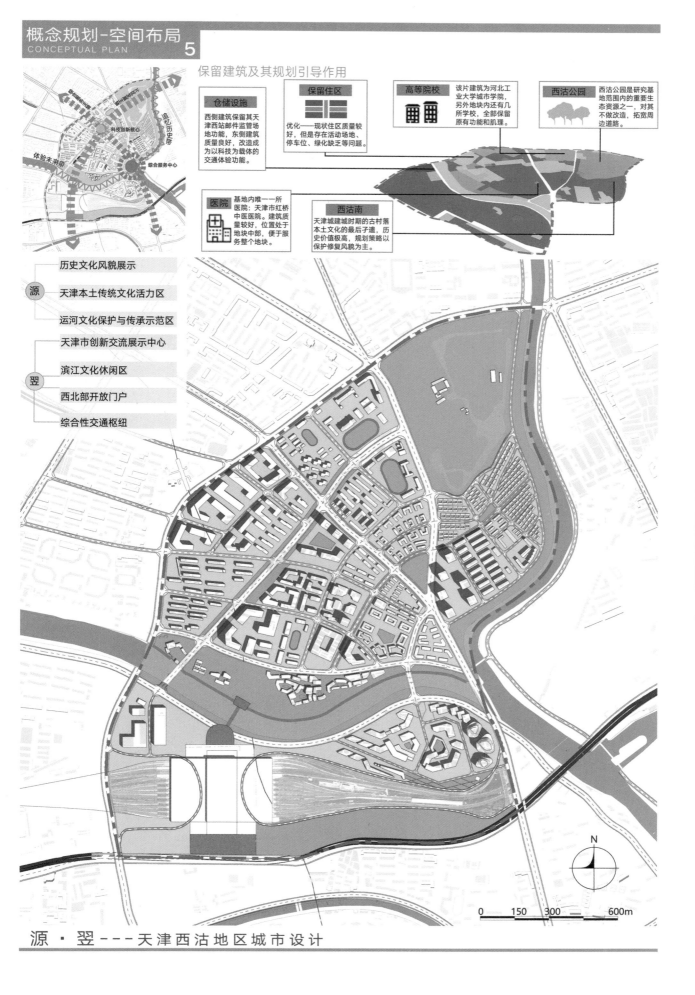

0  150  300    600m

源 · 翌 - - - 天 津 西 沽 地 区 城 市 设 计

## 交通策略

优化交通网络

**公共交通系统规划**
——增加地块内公共交通站点，使地块内出行更加便利

**轨道交通规划**
——增加轨道交通一号线上轨道站点，引入P+R模式

**水上巴士路线**
——开通航线，地块内设置四个码头。增加一条环形巴士线路，联系片区各个重要节点。

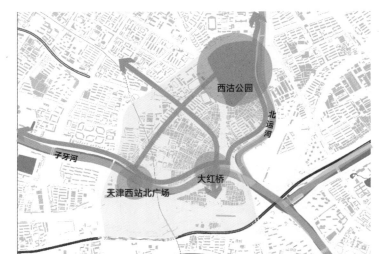

通过强化公共交通系统，尤其是增强轨道交通的辐射范围，整合水上游线和巴士游线来达到优化公共交通的目标。

## 景观策略

串联西沽绿蔓

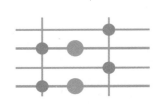

依据原有西沽公园、北运河、子牙河、大红桥和西站北广场，将其串联，形成景观网络，再加入不同功能景观节点。

源·翌---天津西沽地区城市设计

## 规划构思

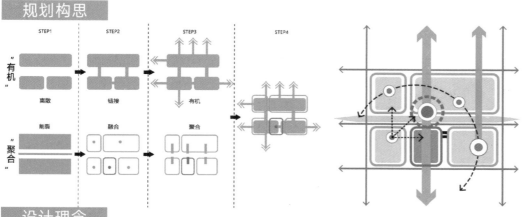

核心输出；脉络串联

四核链接；体验相容

核心输出；脉络串联

西站为基地源源不断的输出人流，作为整个基地的能量输出点，与子牙河北岸通过各种交通方式脉络串联，使子牙河两岸空间有机、聚合、能量充溢的整体空间框架

四核链接：体验相容

在西站门户区域形成四大主要体验片区，并通过慢行步道，空中廊道等方式将他们链接起来形成一个有机的整体，共同体现多元复合的体验理念，突出门户特色功能的高度聚

## 设计理念

定位
LOCATION

天津创新展示的窗口
未来生活体验的中心
科技创新灵感的源泉
滨河生态示范发展区

空间平台

SENSE：通关修正获得身体的愉悦

ACT：发现适合自己的生活方式

FEEL：心灵的愉悦

长时间停留及查验紧凑访的体验平台

《体验》

以休闲娱乐的方式供人们体涵盖不同领域的先进技术，验了解创新技术

| 交通体验 | 无人驾驶 Pilotless Automobile |
| | 磁悬浮技术 Magnetic Suspension Technique |
| | 自动售检票 AFC　新能源汽车 New Energy Automobilic |
| 生态体验 | 生态墙 Ecological Wall　植物修复技术 Phytoremediation |
| | 海绵城市 Sponge City　生物浮床 Bio-floating Bed |
| | 人工湿地 Construted Wetland |
| 生活体验 | 智能家具控制系统 Intelligent Home and Control System |
| | 无人超市 Self-service Supermarket |
| | 物联网 Internet of Things　人工智能 Artificial Intelligence |
| 科技体验 | 先进基因组 Advanced Genome |
| | 三维打印 Three-dimensional Printing　比特币 Bitcoin |
| | 能源储存改进 Ener Storage Improvement |

创新产业是未来发展的主要方向，创新是那动时代进步的主动力。我们主要想打造一个让人们了解科技、充分思考和交流以至最终能够实现不断更新创新的场所。

在每个环节都有可能激发人的想象我们的未来世界，也许就在这里碰撞出无限可能。

以休闲娱乐的方式为载体，体验、实践让人们亲身接触前沿端的科技，以简单易懂的方式体验想要学习的人们提供了了解科技创新的机会。

思考，是果蓏，体验后的必然产物，人们需要安静的私人空间来尽情的发散自己的思维。在是身环节，我们旨在提供独立的个人空间，充足的书籍和网络。

THINK：充满喜悦 创造性

THINK：发散思维 无限想象

休闲安静、设施齐全无限发散思维的思考空间

### 体验
以休闲娱乐的方式让人们接触科技、体验未来

### 思考
接触学习新事物后必然引发思考，旨在提供安静场所

### 交流
有了思考，人与人之间的交流才会碰撞出无限可能

RELATE：人与人之间的联系、共鸣

MORE IDEA

便捷有效、融洽自在的交流空间

科技创新专题峰会
科技创新专题讲座

1

创新产品发布会
创新企业相互学习

通过交流碰撞不断地更新思维方式，以达到创新的目的

2
实地参观体验感受反馈
现场创新科技疑问解答

3

4
各领域创新互动对接

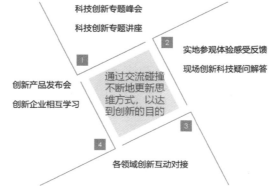

# 源·翌---天津西沽地区城市设计

## 总平面图

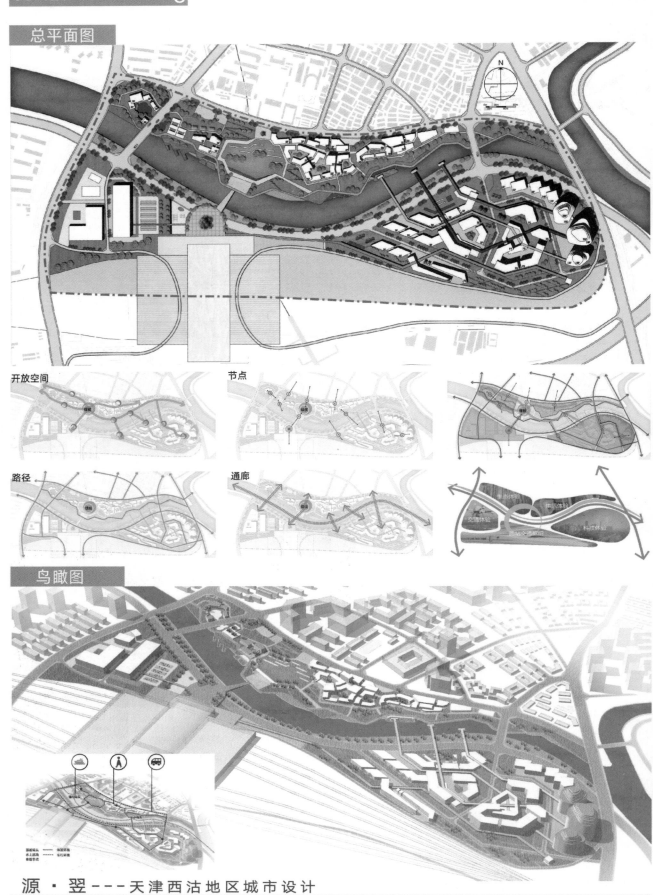

开放空间

节点

路径

通廊

## 鸟瞰图

源 · 翌———天津西沽地区城市设计

# 河北农业大学

# 指导教师感言

　　2018年城乡规划专业京津冀"X+1"联合毕业设计圆满结束了，在这三个多月指导学生毕业设计过程中，收获颇丰。本次联合毕业设计选取"记忆·更新·价值——存量语境下的天津西沽地区城市设计"为题，以天津市西沽地区为对象，对具有传统特色风貌的城中村片区的历史保护和城市更新需求之间的关系进行研究。经过多次走访调研、多种形式的交流分析，联合毕业设计小组提出"新老共生·特色西沽"设计方案，最后成果得到了评委的好评。一路走来，有痛苦、有忧伤、有喜悦，看到了同学们的成长与收获，团队收获满满，为同学们下一步走向社会打下了坚实基础。通过九校联合毕业设计，政府、学会、企业、学校共同参与地块的更新设计，大家增加了交流学习，在碰撞和融合的过程中，开阔了师生的视野，也拓宽了学生的设计思路，对提高城乡规划专业人才培养质量、促进城乡规划学科发展具有重要作用。期待明年我校承办的联合毕业设计，热忱欢迎大家相聚古城保定。

贾安强

　　自"城乡规划专业京津冀高校'X+1'联合毕业设计"启动以来，已经经历了两届。我们很高兴看到，毕设环节在迅速成熟，参加团队在迅速壮大，沟通交流在迅速增加。这是我所预想的，也是我所期望的，能与同行增加交流，也能帮助学生更好成长。

　　尽管不想再俗套地致谢，但我确实觉得有必要通过只言片语来感谢我的前辈和我的学生们。我依然记得方案不成熟时同学们的焦急，记得初次考核失利时大家的失望与不甘，记得进度受挫时大家发泄的负面情绪。生活会告诉我们，想做成什么事情，并不总会一帆风顺。无论过程有多么痛苦，可喜的是同学们总能走出阴影，用更高的热情去解决下一个难题。一路走来，同学们的荣誉感、责任感与求知欲战胜了旅途的不顺，收获了应得的一切，我为你们骄傲，因为你们也促使我成长。同时，也需要感谢团队的领路人贾老师，是您的引领使同学们更快进步与成长。

王崇宇

　　时间飞逝，又一批同学即将毕业离校，愿你们一帆风顺。时间飞逝，又一批同学即将参加联合毕设，愿你们获得成长。明年，欢迎各位同行与同学在古城保定相会。

这次的"2018年京津冀'X+1'城规专业联合毕业设计"有着非常重要的意义。对于学生而言,这是他们五年本科学习生活的圆满句号,同时也是他们步入新的学习旅程或是步入社会的崭新起点。在这里他们体会了团队合作的意义,接受了实际工程中困难的考验,增强了方案介绍能力,可以说是经历了一个很好的过渡。从老师的角度出发,我在指导学生的过程中,再一次看到了每一个学生的优势,并学到了如何利用每一个成员的优势去组织工作,如何作为一个项目的组织者去管理全局。具体来说,在设计项目过程中也收获了天津西沽地区的历史文脉背景等资料,积攒了城市更新和历史保护的不同手段方法,可以说是受益匪浅。希望同学们通过这次的毕业设计,能够真的学到有用的知识,以此为鉴,作为今后学习和工作中的宝贵财富,并预祝同学们在今后的规划设计道路上有所成就。感谢主办方提供的展示各个高校教学水平的平台,并祝愿今后的京津冀规划专业联合毕设举办得更加成功。

周静怡

非常荣幸,再次参加了京津冀城乡规划专业"X+1"联合毕业设计。从开题、中期答辩直到期末答辩,一路走下来,感慨颇多!

首先,非常感谢河北工业大学、天津城建大学的同仁们!感谢你们的辛勤付出!其次,感谢毕设团队的几位同学和同事!大家齐心协力、同舟共济,顺利完成了毕业设计!最后,感觉身上"压力山大"。2019年联合毕设的接力棒已经交到了河北农业大学的手中,不过我坚信,在学校、院系的共同努力下,加上兄弟院校的鼎力支持,我们有信心,一定会给大家提交一份满意的答卷!

2019年,古城保定见!

李宏伟

京津冀作为中国北方的重要区域具有独特的区位特点。有幸参与指导京津冀城乡规划专业联合毕业设计,感到既是任务,又是责任。特别感谢主办方为我们的师生提供交流学习的大平台,也特别感谢我们的学生面对各种难题,积极谋划应对解决方案。我们相信京津冀联合毕业设计会越办越好。

尚改珍

2017 年第一届"X+1"京津冀联合毕业设计似乎刚刚过去，转眼今年的终期汇报也随之落幕。回首本次的比赛，感触最深的就是"更加接地气"。从题目的解读到调研，到方案的不断改进及表达，对存量语境下的城市更新，我们立足以人的需求为核心，以城市建设的质量与人的需求的匹配程度为标准，这也是我们在指导学生进行本次设计过程中贯穿始末的理论依据。感谢天津的两所院校师生为本次联合毕业设计所付出的辛勤劳动，以及其他各所参赛院校师生为我们呈现的新思路，希望未来的联合毕业设计越办越好。

王晓梦

学无止境是我参加本届京津冀城乡规划专业"X+1"联合毕业设计活动最深刻的体会。作为一名青年教师，我有幸全程参与到此次活动中来，能够与团队成员交流、学习、探讨，这对于我的知识储备和今后的教学工作都有很大的帮助。

在参赛高校聚首时，我们感受到各校的实力，也近距离得到专家们的点评与指导，使我们受益匪浅的同时也认识到自己的不足。我们相信，压力与动力之下，河北农业大学会努力前行、不断进步！

联合毕业设计是一次教学模式的成功创新，于教师于学生都既是挑战也是锻炼。衷心希望活动能够继续走下去，越办越好！期待我们的下一次相遇！

张可可

# 学生感言

宋长奇：很荣幸能够代表河北农业大学参加城乡规划专业京津冀"X+1"联合毕业设计。这段时间，对它的投入就好像梳理它的点滴信息的同时也在梳理着自己的学习成果；在挖掘场地潜力的同时挖掘自己的潜能。相对于平时的课设，这次我更锻炼了自身的团队合作能力，设计中力求将每个组员的优点融合进同一个方案中，合理分工，协调配合。我也明白了任何好的设计取得都建立在充分的准备之上，要详细调研，多查资料，多吸取他人意见，反复推敲方案。通过观看各个学校的汇报以及自己亲身汇报之后，我既得到了锻炼，也开阔了视野，更是学习到了很多新思路。最后，感谢主办方提供给我们一个相互交流学习及展示的平台，祝愿今后的京津冀规划专业联合毕设举办更加成功。

张　科：首先感谢这次活动，让九个学校的师生聚在一起，在活动中我们相互交流、相互学习，无论是专业知识还是设计经验各方面都得到了很好的提升。感谢老师的悉心指导，让我们有能力展示自己。通过不同学校方案之间的横向对比，我们通过总结优缺点来更加清楚地了解设计的内在逻辑和地块需求，我认为这是本次设计我们的最大收获。三个月左右的日日夜夜里，我们总结地块优势与缺陷，分析周边环境与上位规划，将构思形式落实到图纸上，并一步步完善方案，解决问题，最后形成最终成果。在这个过程中，我们学会了团队内部交流融合的方式，学会了如何协调配合，学会了取长补短，更重要的是，我们知晓了自己的水平和不足之处。这是一个新的起点，在今后的日子里我们会继续努力，塑造更好的自己！

朱晓月：五年的学习生活在联合毕设结束后画上了圆满的句号。作为一名建筑专业的学生，很幸运能成为参加"2018年京津冀'X+1'城规专业联合毕业设计"的一员。在这个过程中感受最深的是团队合作的力量，每个人发挥各自的优势，在思想不断碰撞的过程中，设计成果越来越成熟。在近三个月的设计过程中，很感谢老师的悉心指导，感谢小组的队友们的鼓励，从队友的身上学到很多，这是一个不断发现不足和弥补缺陷的过程。愿我们不忘这段经历，以敬畏之心去理解脚下的城市，对设计充满激情和活力，做一名有血有肉有情怀的设计师。

车　芸：五年的学习生涯在联合毕设结束后画上了圆满的句号。感谢河北工业大学、天津城建大学组织的联合毕业设计，作为在学校课程中最后一次的历练，提供给我们互相学习的机会，也让我在本科最后阶段有一个新的提升。在参与联合毕业设计的过程中，我发现了自己很多不足，借鉴到他人的经验，这使我在专业学习方面会更加努力。我很感谢我的队友，感谢他们对我的鼓励，从他们身上我学到了很多，不仅仅体现在专业知识的提升上；还有大家集思广益时，我在设计观念方面拓展的视野；也培养了我独立思考的能力，树立了自己的信心。我还告诉自己：多努力，多拼搏；从每一件事中找到进步的目标，让自己变得越来越优秀。

赵富佳：非常荣幸能够参加这次京津冀"X+1"联合毕业设计，毕业设计是大学本科五年最后一个设计。回想这三个月的设计过程，有失落、有成功、有沮丧、有争吵，一路走来，获益良多。经过调研分析以及在老师的指导下，初步形成了规划意向和方案定位。随着对天津西沽地区的不断研究调查和文化探究，确定了如何在促进天津西沽地区经济建设的同时，重点探索西沽"水"文化以及西沽地区历史文脉的方向。

首先，感谢京津冀"X+1"联合毕业设计平台为我们搭建了一个各校师生相互交流学习的机会。在交流期间，我从中学到了很多城市规划与城市设计的相关知识。

其次，要衷心地感谢各位指导老师，本次毕业设计是在各位老师的悉心指导下完成的，毕业设计的很多想法都得益于老师的指导，能够取得成功也归功于各位老师的严格要求。

最后，还要感谢我的团队成员，所有方案设计成果都离不开团队成员们的合作。在这次设计中，我们不仅收获了知识技能，还收获了友谊与快乐！

刘若宇：非常荣幸能够参加这次京津冀"X+1"联合毕业设计。三个月的时间，我们小组的所有人都付出了很多，通宵达旦，呕心沥血。回想一路走来，有过欢笑，有过争吵，但是也是在这个设计的过程中，我们每个人都加深了对彼此的了解以及对规划的理解。

在各位老师的指导下，我们对西沽地区的人文历史进行了深入的挖掘和研读，也对西沽地区漕运的发展进行了了解和梳理，更对天津这座城市水文化的内涵进行了全方位的认识和解读。我们深刻地意识到水文化对于天津和西沽地区将来的发展以及城市形象的塑造具有十分重要的地位。也是在这个过程中，我们更是懂得了作为一个规划人所承担的重大责任。

最后，更要感谢我们团队的每一个成员，因为有你们，才能让我在黑夜之中仍能打起精神思考设计；因为有你们，才能让我天明之时饱含激情奋笔作图；因为有你们，才能让我这三个月的时间时时心怀感动努力向前。我很幸运能够遇到你们！

李小雨：很荣幸能参加这次京津冀"X+1"联合毕设，在这个过程中既学到了很多东西，也发现了自身的不足。通过这次联合毕设，让我体验到了前所未有的压力和挑战，但在小组成员的共同努力下还有指导老师的大力帮助下，最终完成了我们的"津城水都，印象西沽"的方案设计。虽然结果不是最好，过程却是弥足珍贵。

在答辩环节我感受到了各校的风采，学习到了不同的分析方式还有做设计的逻辑思维。在教师评价环节，通过各位专家对各组方案的点评、提出的意见及建议让我了解到了许多新的设计理念，也让我知道了作为一名城乡规划专业的学生应该具备哪些素养及技能。这些都让我对自身有了一个明确的认识，为我以后的学习指明了方向。

非常感谢有机会能够参加这次联合毕设，对于我来说其有很重要的意义。谢谢联合毕设这个平台为我们提供了互相学习的机会；谢谢专家对我们的批评指正；谢谢指导老师对我们的精心帮助；谢谢队友们的齐心协力！

霍秋黎：毕业设计终于圆满结束了。在这次毕业设计的过程中，让我感受最深的就是规划设计的过程中我们各个成员的思想碰撞，期间我们方案被不断地修改和完善，我们也在同样地为着同一个方案和目标而努力，拉近了我们五人之间的感情。我们一定不会忘了为毕业设计通宵画图的时光，我们努力着，欢笑着，吵闹着完成最后的成果。希望我们五人都有美好的未来！

董卫丹：我很荣幸能够参加联合毕业设计，也感谢老师能够给予我这次机会。从其他同学的身上学到了很多东西，也看到了自身与外校优秀学生的差距。我很珍惜这次交流学习的机会，也很欣赏优秀的同学带来的思维火花的碰撞。我对自己的水平和各方面能力有了更清晰的认识。认认真真并且带着一份责任感去做一件事情总会有收获的。总之，我很感谢有这样一个机会去锻炼自己、强化自己，也感谢和我一起前行的老师和小伙伴们。

# 释题与设计构思

## 释题

这次设计的主题是"记忆 · 更新 · 价值",设计对象是天津西沽地区。

记忆即历史,其意义在于对历史文脉积累性演进遗存的保护,也就是西沽地区现存的历史建筑、街道肌理、环境风貌等的文脉的延续;更新是快速城市化背景下的产物,旧的城市建筑如何适应新的城市功能定位,西沽地区如何在挖掘自身优势、复兴地区经济活力的同时又能延续原有的记忆是其关键性研究课题;价值是城市更新的手段,充分利用西沽地区历史文化优势,地理交通优势,产业、人才引进优势是西沽地区更新方法的重中之重。

城市化的快速发展不但对其周边乡村产生着巨大影响,另一方面更严重地蚕食着城市中的历史街道。历史残留的城市记忆保留了大量具有历史价值的物质空间及非物质文化遗存,然而这些物质基础已经不能满足现代城市的发展要求。如何平衡"历史保护"和"城市更新"的矛盾?如何在适应新的城市功能定位的同时,体现原有的历史脉络和文化印记?如何找准城市的定位与价值?这些都成为值得思考的问题。

天津西沽地区作为京杭大运河的重要节点,因漕运而起,借漕运而兴,既保存着清末至现代的历史街区的记忆,又有着分明与厚重的历史层次感,是天津城市传统生活状态和传统文化的唯一遗存,具有不可替代性。然而大量破败的房屋、逼仄的街道、四处乱搭乱建的违章建筑,以及各种条件缺失的公共设施,又对西沽地区城市更新提出了要求,"西站副中心"和"中心商务区"的定位又奠定了该地区与西站的紧密联系和区域规划的"兼顾居住、商业及商务"的功能。

本次的设计就是基于以上背景对本片区的区域城市总体形态、城市功能定位、用地布局、空间形态、景观塑造、道路交通及市政基础设施规划、生态环境建设、控制引导指标、实施方案等方面进行设想。采用策划加规划的思路,对片区的功能定位、产业发展方向和思路进行重点研究,对上位规划所确定的功能定位应基本遵从,但可以通过充分的分析研究做大胆的调整和优化,为指导下一层面详细规划提供依据。

## 设计构思

**方案一:新老共生 · 特色西沽**
**设计者:宋长奇、张科、朱晓月、车芸**
**指导教师:贾安强、王崇宇、周静怡**

本次规划以天津市西沽地区为对象,总面积约 3.2km²。西沽当下历史文化虽然逐渐没落,但仍保持着原有的文化记忆和传统基因。按照有机更新的理念,我们要剔除不适应地区发展的因素,延续有价值的文化,复兴原有空间关系。

上位规划对此地的定位是中心商务区。由于西沽保持着独特的天津传统特色风貌，其文化价值深厚。所以在西沽未来发展方向上：应延续西沽的历史价值，同时又应与其发展方向共生共融坚持新老共生理念。对西沽最终定位为以津沽历史文化与现代功能的时代特征相互整合，追求传统与未来共存为切入点的新老共生中心商务区。

　　本次设计以现代商务与文化体验为设计重点。通过商务复兴西沽地区经济、社会活力的同时，又着重塑造创意文化体验，提升其文化内涵。方案在设计过程中充分利用场地现有道路、街巷、建筑以及景观等资源，以"小街区密路网"、混合用地功能、绿色出行等理念构建慢行友好型中心商务区。两条主轴之间以多条特色街区作为衔接。

　　在重点地段设计过程中，以艺术塑造魅力、文化提升内涵为主要导向，着重塑造创智交流中心、文化艺术中心、民俗展示中心三个特色节点，并通过步行街道将其与西沽公园串联起来，形成体验西沽文化艺术底蕴的主要区域。通过塑造一条贯穿西沽公园、民俗展示中心、院落式养老社区的历史景观视廊，加强了与西沽公园的联系，也展现了西沽新老融合的特色面貌。最终将其打造成西沽文化艺术体验区。

**方案二：津城水都，印象西沽**
**设计者：赵富佳、刘若宇、李小雨、霍秋黎、董卫丹**
**指导教师：李宏伟、尚改珍、王晓梦、张可可**

　　设计构思：通过对现存的商务中心以及副中心进行了一系列的经济、文化、社会等各方面的因素分析，认为在文化底蕴如此深厚的西沽地区建设纯商务中心是不可取的。因此，考虑到天津市的水文化建设以及基地的资源优势，该方案将基地定位为天津市水文化旅游中心。以天津西站为起点，隔河相望，打造水文化旅游中心轴，并与二地块打造的保留体验区相呼应，打造一条贯通的文化带，同时形成视觉廊道，吸引人流。

　　通过系统分析地块内部的社会、文化、景观、经济优势与劣势，方案给出了结合问题导向与目标导向的激活策略，即聚其居：使聚落体现生活智慧；落其俗：使聚落体现文化智慧；安其业，使聚落体现产业智慧；融其绿：聚落体现生态智慧。对于水文化旅游我们采取了全新的旅游体系创新模式，置入旅游休闲、文化体验、产业游览、交通驿站的产业模式，并利用触媒效应，形成游览、体验及居住三大版块构成的水文化中心。

## [命题解读]

西沽在挖掘自身优势复兴地区经济活力的同时又能延续原有的记忆便是其新的发展模式。

- 更新
- 西沽
- 记忆 —— 历史文脉的积累性演进遗存。西沽现存的历史建筑、街巷肌理、古树风貌、运河文脉理等成为西沽记忆的载体。
- 价值 —— 即挖掘优势。西沽地区历史文化优势、地理区位优势、交通优势、产业、人才引进优势是西沽价值主要内容。

- 城市修补 —— 对城市功能、城市肌理和文化特点等进行修缮，对基础设施、服务设施和民生短板等进行补充。
- 存量
- 活力重塑 —— 综合利用西沽现有条件，引入多元要素，多种方式塑造西沽新活力。
- 生态修复 —— 完善绿化系统、进行水系修复治理、利用废弃土地、保留生态树木。

## [文化认知]

建筑是历史的符号，西沽的每座历史院落，街巷，甚至一砖一瓦，都在精雕细刻中体现着历史之美。

新老共生 特色西沽

## [历史演变]

在历史与现实交汇的长河中，西沽在漕运盐业、宗教寺庙、教育学堂、名人古迹、社团会馆、民俗事像、民间传说等方面，都留下许多独特的印迹。

| 时间 | 明初 (1368-1588) | 明万历十六年 (1588-1644) | 清朝 (1644-1840) | 清朝后期 (1840-1911) | 民国 (1912-1949) | 解放后 (1949至今) |
|---|---|---|---|---|---|---|
| 地位 | 形成村落 | 入京大道重要节点 | 食盐调拨和存储之地 | 码头经济向商业转变 | 职能转变，废庙兴学 | 老旧地段改造缓慢形成了城中村模样 |
| 主要事件 | 南方江浙等地以漕运为业者定居西沽，成为该地首批居民 | 造船度设渡口 | 康熙帝南巡江浙，途经此地 乾隆帝巡幸西沽 | 设西沽武库 建北洋大学堂 义和团抗击八国联军 | 三官庙-改为天津市立第三十二小学，公司前庙-以丹华火柴公司为代表的民族工业兴起 | 铁路局农场改造为西沽公园 房屋私搭乱建 唐山地震，房屋损坏严重危改兴起，新建小区 |
| 胡同文化 | 陆家胡同、曹家胡同 | | 沈家胡同、北朱家胡同、单家胡同、郑家大楼 | 庞家胡同、倪家胡同、屈家胡同、修善堂胡同、聚顺德胡同、范家胡同 | 公所街 | 陆家胡同、曹家胡同 |
| 传统文化 | 庙会文化 | 渡口文化 | 太平花鼓 | 市井文化 | 民族企业文化 | 公园文化 |

## [用地构成]

图例
- 二类居住用地
- 三类居住用地
- 四类居住用地
- 行政用地
- 商业金融用地
- 文化教育用地
- 医疗卫生用地
- 一类工业用地
- 二类工业用地
- 三类工业用地
- 广场用地
- 铁路用地
- 特殊用地
- 市政设施用地
- 教育科研用地
- 文化古迹用地
- 其他公共设施用地
- 仓储用地
- 绿地
- 水域

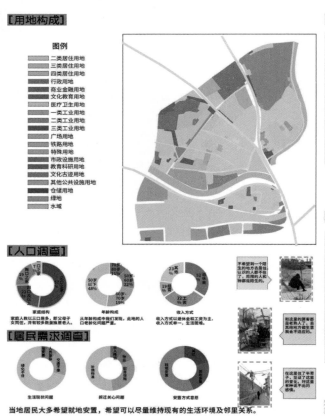

## [人口调查]

家庭结构 —— 家庭人数以三口多，父母子女同住，并有较多鳏寡独身老人。

年龄构成 —— 从年龄构成来看此地人口老龄化问题严重。

收入方式 —— 收入方式以离退休金和工资为主，收入来源单一，生活窘迫。

不希望离开一个熟悉生活的地方多是因为熟悉了这里，周围的人和物都能适应和认可。

和这里的原来邻居们都是熟人了，去其他地方担心生活等会不会不适应。

## [居民需求调查]

生活现状问题    拆迁关心问题    安置方式意愿

在这里住了半辈子，见证了这座历史变化，对这里的有很深的感情，对这里的不舍的情愫。

当前居民大多希望就地安置，希望可以尽量维持现有的生活环境及邻里关系。

## [现状道路交通分析]

- 洪湖里
- 桃源里
- 天津西站
- 西站
- 肥片村
- 复兴里

| | |
|---|---|
| 城市道路 | 地铁站 |
| 主要道路 (5—10m) | 高铁站 |
| 街巷 (4—5m) | 地铁线路 |
| 胡同 (1.5—3m) | |

## [服务设施分析]

| | |
|---|---|
| 卫生所 | 教堂 |
| 大学 | 医院 |
| 中学 | 社区服务中心 |
| 小学 | 中国邮政 |

## [景观绿化分析]

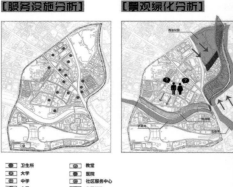

## [建筑综合评价]

建筑质量 / 建筑风貌 / 建筑评价

| 建筑质量 | 建筑风貌 | 建筑评价 |
|---|---|---|
| 60年之前建筑 | 建筑质量好 | 可拆除建筑 |
| 60-90年建筑 | 建筑质量中 | 可改造建筑 |
| 90年后建筑 | 建筑质量差 | 可保留建筑 |

对规划用地进行建筑综合评价，地块1和3现存建筑质量较差，多为倒塌和危险房屋，保存价值较低，地块2现存建筑较多，可研究价值较大。

庙会文化　花鼓文化　商业文化　工业文化　渡口文化　庙会文化　运河文化　公园文化　市井文化

西沽地区是天津的发祥地，拥有悠久的历史文化和深厚的底蕴，过去的繁荣景象已不再，但是这里的遗迹承载着过去的记忆，仍可以感受到曾经发生在这里故事。

**新老共生 特色西沽**

贰

老宅院　龙眉槐　胡同　拐弯抹角　黄叶村　老工厂　石雕　豆腐坊　西沽公园

西沽

[场所空间]

| | | | | |
|---|---|---|---|---|
| 院落空间 |  | | |  合院组合 |
| 巷院空间 |  |  |  |  门廊联通 |
| 街巷空间 |  |  |  |  尺度多变 |
| 开敞空间 | | | | 休憩场所 |

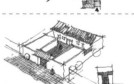

活动　交流　养花

街　院

行走　骑车　玩耍

活动　交流　玩耍

[建筑遗迹]

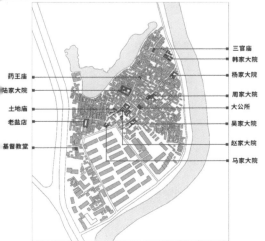

药王庙
沽家大院
土地庙
老盐店
基督教堂

三官庙
韩家大院
杨家大院
周家大院
大公所
吴家大院
赵家大院
马家大院

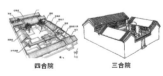

四合院　三合院

大四合院院　筒子院

西沽地区的建筑以合院式为主，以四合院为多，也有三合院、二进四合套院等。院落空间多为工字形、T字形，采用明清京津民居的建筑形制。其建筑风格具有典型的北方传统民居特征，并富有天津地方特色，形式通常为"三间五架"，建筑工艺采用磨砖对缝，建筑色调以青色为主，屋顶采用青瓦两坡顶，坡度为30°～33°。

[现状优势、劣势总结]

**优势**

1. 对外交通优势
2. 区位优势
3. 新人才新产业的引进优势
4. 景观资源优势
5. 高校创新优势
6. 历史文化优势

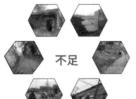

**不足**

1. 建筑质量差，乱建严重
2. 道路老化严重，交通不便
3. 人口老龄化严重
4. 绿化景观严重不足
5. 公共空间匮乏
6. 社会公服设施不足

## [定位展望]

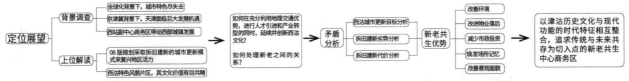

**定位展望**
- **背景调查**
  - 全球化背景下, 城市特色尽失去
  - 京津冀背景下, 天津面临巨大发展机遇
  - 西站副中心商务区带动西部城镇发展
- **上位解读**
  - 08版规划采取拆旧建新的城市更新模式来复兴新地区活力
  - 西沽特色风貌片区, 其文化价值有目共睹

→ 如何在充分利用地理交通优势, 进行人才引进和产业转型的同时, 延续并创新西沽文化? / 如何处理新老之间的关系?

→ **矛盾分析**
  - 西沽城市更新目标分析
  - 拆旧建新劣势分析
  - 拆旧建新代价分析

→ **新老共生优势**
  - 改善环境
  - 改进物业落后
  - 减少市政投资
  - 焕发场所记忆
  - 改善景观面貌

→ 以津沽历史文化与现代功能的时代特征相互整合, 追求传统与未来共存为切入点的新老共生中心商务区

**新老共生 特色西沽 叁**

## [多元融合]

### 1. 多元文化融合

#### 1.1 文化信息整理

#### 1.2 文化共生互补

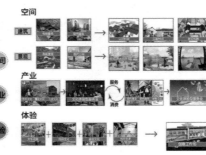

#### 1.3 融入多元文化空间

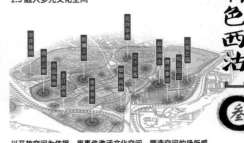

以开放空间为依据, 用事件激活文化空间, 营造空间的场所感与地域感, 让人们更好地体验生活。

### 2. 多元产业融合

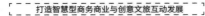

打造智慧型商务商业与创意文旅互动发展

现代商务商业 / 创意文化

创意作坊 / 民俗文化体验 / 传统商业 / 商业 / 商务办公 / 会展中心 / 公寓 / 创智办公区

文化提升城市文化内涵 | 综合效益 | 商业复兴经济, 注入社会活力

### 3. 多元人群融合

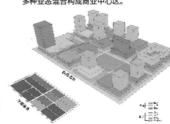

多种业态混合构成商业中心区。

| 多元人群 | 主要活动 | | 融合方式 | 构思理念 |
|---|---|---|---|---|
| | 生活娱乐 | 日常工作 | | |
| 原住民 | | | 文化融合 生活娱乐 | 运用现代的手法整合原住民的肌理、人文条件, 并且形成新式房屋住环境。 |
| 新住民 | | | 生活融合 工作娱乐 | 对于新引入的居民, 将其处环境进行更新改造, 提供工作的手段, 带动当地经济, 使其融入当地生活。 |
| 外来人 | | | 文化融合 工作娱乐 | 对于外来人群, 通过文化交流等手段, 发挥当地独特的地域环境, 带动当地旅游的发展。 |

## [新老有序开发]

### 1. 整体功能定位

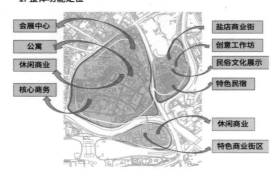

会展中心 / 公寓 / 休闲商业 / 核心商务 / 盐店商业街 / 创意工作坊 / 民俗文化展示 / 特色民宿 / 休闲商业 / 特色商业街区

地块1 现代商务商业
会展中心、商业商办、文化中心……

地块2 创意文化体验
生活民俗、酒家集市、客栈民宿……

地块1 现代商务商业
时尚商业、高端酒店、精品公寓……

### 2. 构建主题片区

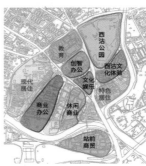

在整体功能定位的基础上, 构建主题片区, 使得整个西沽地区呈现出现代商务商业与历史保护共同发展的态势。

### 3. 植入激活元素

借助西站交通优势, 为西沽地区注入新人员, 激发当地活力。创意文化中心独特的地域面貌更是西沽创意文旅的特色名片, 形成西沽新文化。

### 4. 形成发展路径

轴带一: 核心商务中心、会展中心联动发展形成现代商务发展轴, 复兴西沽经济, 激发社会活力。
轴带二: 特色商贸中心、创意文化中心相向发展, 形成西沽地区新时代文化内涵。

### 5. 渗透片区发展

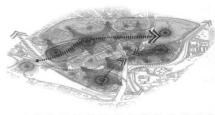

两条特色发展轴辐射渗透带动周边商务、商业、居住等功能的发展, 形成历史与未来共存的特色发展模式。

## 【15分钟生活圈】

### 5分钟生活圈构建

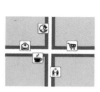

采用开放街区密路网、窄断面的形式。沿街布置商业、社区卫生站，活动中心等服务性设施。做到通行方便，可达性交流性强，满足5分钟步行到达休闲娱乐场所的需求。

### 10分钟生活圈构建

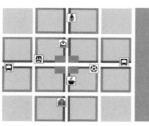

通行效率高，公交车站布置较为灵活，并合理布置绿地广场，使公共服务设施布局紧凑，服务半径控制在10分钟步行范围内。

### 15分钟生活圈构建

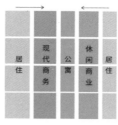

在功能布局上形成居住、商办、商业、文化交替布局的形式，并且配置较为完善的教育、医疗养老等公共服务设施，实现以家为中心的15分钟步行可达范围。

实现以"家"为中心的15分钟步行可达范围内都有较为完善的养老、医疗、教育、商业、交通、文体等公共服务设施。

## 【空间综合整治】

### 1. 优化空间结构—两轴三心七带    2. 织布交通交通网络

### 3. 构建景观体系

**3.1 整合景观资源**

现有景观资源有：
西沽公园生态景观区、北运河景观带、子牙河景观带。

存在问题：
不亲水、不亲绿现象严重，居民使用感较差。

解决措施：
打造活力亲水岸线。

**3.2 打造活力滨水岸线**

功能：植入休闲娱乐、商业、会展等功能。

空间节点：打造两个主题性开敞空间。

空间形态：打造多层次文化景观驳岸。

**3.4 健全景观体系**

在充分尊重基地现状的基础上，打造3个主要景观节点，6个次要景观节点，又增设3个绿地公园。将2条景观大道作为景观主轴，将主轴之间的联系轴带以及2条运河景观带作为景观次轴，整体上形成一景观区三核心多节点的绿化景观体系布局。

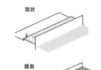

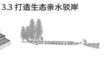

**3.3 打造生态亲水驳岸**

### 4. 塑造空间形态

**4.1 打造主题性开敞空间**

结合2轴7带的空间特性，打造具有核心商务、特色商贸、创意文化等主题性的开敞空间。

**4.2. 植入功能**

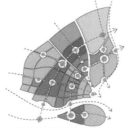

根据开敞空间的主题性，植入功能，形成以现代商务和创意文化体验为主的特色空间形态。

**4.3 塑造空间形态**

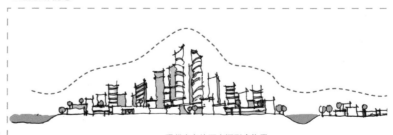

现代商务片区空间形态构思

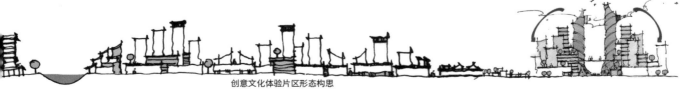

创意文化体验片区形态构思

**[总平面图]**

N

0 50 150 300m

1 商务办公楼　　　12 民俗文献展示
2 会展中心　　　　13 创意工作坊
3 创智办公楼　　　14 民宿
4 公寓　　　　　　15 传统居住
5 特色酒店　　　　16 现代居住
6 站前特色商贸街　17 小学
7 渔村主题餐厅　　18 中学
8 休闲商业　　　　19 河北工业大学
9 民俗博物馆　　　20 西沽公园
10 民俗演艺馆　　　21 创意街区
11 盐店街传统商业街 22 医院

**[新老共生 特色西沽]**

**设计说明:** 本次设计以"新老共生、特色西沽"为主题，现代商务与文化体验为设计重点。以商务复兴西沽地区经济、社会活力的同时，又着重塑造创意文化体验，提升其文化内涵。方案在设计过程中充分利用场地现有道路、街巷、建筑以及景观等资源，以"小街区密路网"、混合用地功能、绿色出行等理念构建慢行友好型中心商务区。两条主轴之间以多条特色街区作为衔接。在街区的设计中，以艺术为导向，塑造沿街特色景观以及满足艺术表演、休闲娱乐、自发会议等多元需求的主题性公共空间，提升街区的步行体验，焕发西沽活力。

**[功能分区规划图]**

商业办公区
创智办公区
站前商贸区
休闲商业区
文化娱乐区
西沽文化体验区
特色居住区
现代居住区
公寓

**[道路系统规划图]**

城市主干道
城市次干道
城市支路

**[空间结构规划图]**

主要空间节点
西沽公园
次要空间节点
主要空间轴线
次要空间轴线

**[景观系统规划图]**

主要景观节点
西沽公园景观区
次要景观节点
主要景观轴线
次要景观轴线

**[鸟瞰图]**

新老共生 特色西沽

**[核心商务、创意文化体验区形态展示]**

现代商务区的地标性建筑群的高度，东侧楼高较低，整体空间形态朝向传统面貌地块呈现环抱式，加强了两个地块之间景观视线上的交流。

**[文化娱乐、创意文化体验区形态展示]**

传统面貌地段与现代商务区衔接的部分，其高度面貌，景观上都要与两侧用地功能相协调，整体上呈现历史与现代并存的特色西沽空间形态。

**[创意文化体验、现代商务商业区形态展示]**

从休闲商业区向创意文化体验区过渡在高度上由高到低过渡，形式上由集中式向院落式转变，面貌上呈现现代商业—当地艺术—传统建筑的衔接形式。

**[创意文化休闲轴入口节点]**

**[休闲商业中心平台节点]**

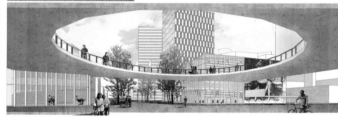

**[民宿节点意向图]**

**[滨河景观节点图]**

**[创智办公节点]**

**[大虹桥节点]**

**[核心商务节点]**

**主要立面分析**

于该地块主要立面高度上的控制整体呈现西高东低的趋势，面貌上呈现由现代形式向统形式过渡的趋势。整体观看西沽地区天际线犹如承载了城市变迁成长记录的视觉图，其中蕴含了关于历史事件、轶事，时代发展等的丰富想象。

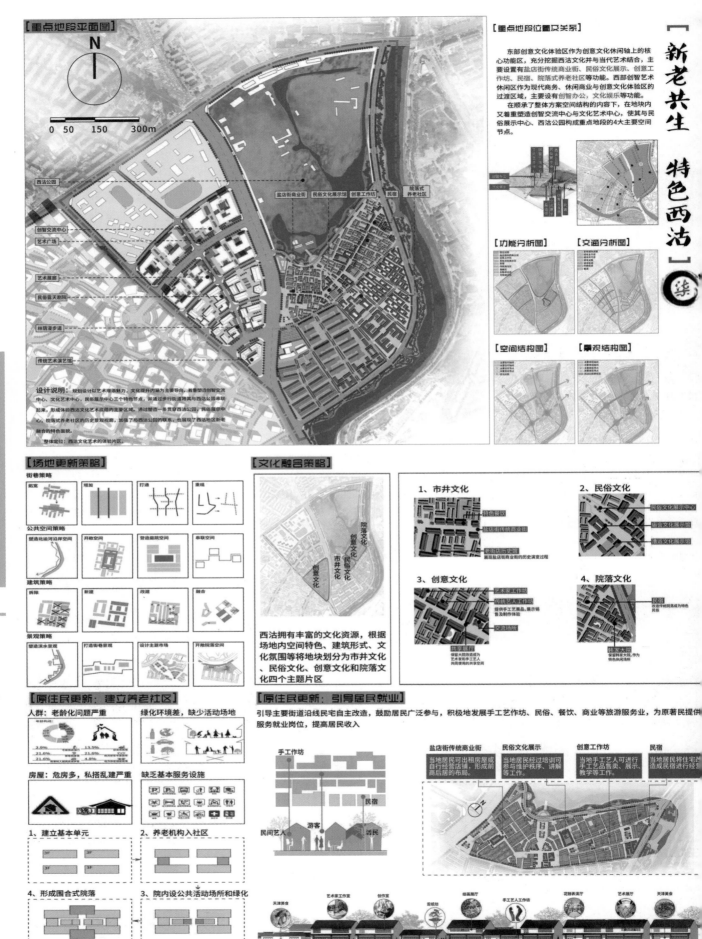

【重点地段平面图】

N

0  50  150  300m

西沽公园

盐店街商业街　民俗文化展示馆　创意工作坊　民宿　院落式养老社区

创智交流中心
艺术广场
艺术展廊
民俗露天剧场
林荫漫步道
传统艺术演艺馆

设计说明：规划设计以艺术增源魅力，文化提升内涵为主要导向，着重塑造创智交流中心、文化艺术中心、民俗展示中心三个特色节点，并通过步行街道将其与西沽公园串联起来，形成体验的西沽文化艺术成熟的主要交点。通过塑造一条贯穿西沽公园，民俗展示中心、院落式养老社区的历史景观视廊，加强了与西沽公园的联系，也展现了西沽地区新老融合的特色面貌。
整体定位：西沽文化艺术的体验片区。

【重点地段位置及关系】

东部创意文化体验区作为创意文化休闲轴上的核心功能区，充分挖掘西沽文化并与当代艺术结合，主要设置有盐店街传统商业街、民俗文化展示、创意工作坊、民宿、院落式养老社区等功能。西部创智艺术休闲街作为现代商务、休闲商业与文化体验区的过渡区域，主要设有创智办公、文化娱乐等功能。在顺承了整体方案空间结构的内容下，在地块内又着重塑造创智交流中心与文化艺术中心，使其与民俗展示中心、西沽公园构成重点地段的4大主要空间节点。

【新老共生 特色西沽】

柒

【功能分析图】　【交通分析图】

【空间结构图】　【景观结构图】

【场地更新策略】

街巷策略
拓宽　增加　打通　重组

公共空间策略
塑造北运河沿岸空间　开敞空间　营造庭院空间　串联空间

建筑策略
拆除　新建　改建　融合

景观策略
塑造滨水景观　打造街巷景观　设计主题市场　开敞院落空间

【文化融合策略】

院落文化
民俗文化
创意文化
市井文化
创意文化

西沽拥有丰富的文化资源，根据场地内空间特色、建筑形式、文化氛围等将地块划分为市井文化、民俗文化、创意文化和院落文化四个主题片区。

1、市井文化
特色餐饮
盐店街传统商业街
老街店历史馆
展现盐店街商业街的历史演变过程

2、民俗文化
民俗文化展示中心
插画文化展示馆
营造文化展示馆

3、创意文化
艺术家工作坊
传统艺人工作坊
提供手工艺品、展示销售和制作体验
交流场所
非遗展厅
保留大院内遗迹，艺术家和手工艺人共同使用的共享空间

4、院落文化
民宿
改造传统院落成为特色民宿
民俗体验区
保留特色大院作为特色休闲场所

【原住民更新：建立养老社区】

人群：老龄化问题严重
2.9%　13.5%
21.6%　21.6%
21.6%　21.6%

绿化环境差，缺少活动场地

房屋：危房多，私搭乱建严重

缺乏基本服务设施

1、建立基本单元
3F　3F
3F　3F

2、养老机构入社区

4、形成围合式院落

3、院内设公共活动场所和绿化

【原住民更新：引导居民就业】

引导主要街道沿线民宅自主改造，鼓励居民广泛参与，积极地发展手工艺作坊、民俗、餐饮、商业等旅游服务业，为原著民提供服务就业岗位，提高居民收入

盐店街传统商业街
当地居民经过培训可参与与维护秩序、讲解等工作。

民俗文化展示
当地居民可出租房屋或自行经营店铺，形成前商后居的布局。

创意工作坊
当地手工艺人可进行手工艺品售卖、展示、教学等工作。

民宿
当地居民将住宅改造成民宿进行经营。

手工作坊
民宿
游客
民间艺人　居民

天津美食　艺术家工作室　创作室　剪纸坊　绘画展厅　手工艺人工作坊　花鼓表演厅　艺术展厅　天津美食

2018年
城乡规划专业京津冀高校『X+1』联合毕业
设计作品集

132

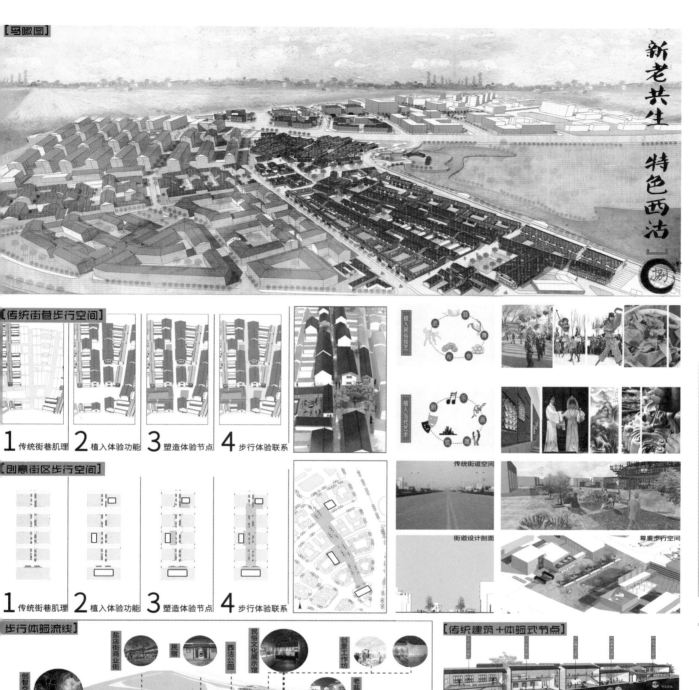

**[鸟瞰图]**

新老共生
特色西沽

**[传统街巷步行空间]**

1 传统街巷肌理　2 植入体验功能　3 塑造体验节点　4 步行体验联系

**[创意街区步行空间]**

1 传统街巷肌理　2 植入体验功能　3 塑造体验节点　4 步行体验联系

传统街道空间

街道设计剖面

尊重步行空间

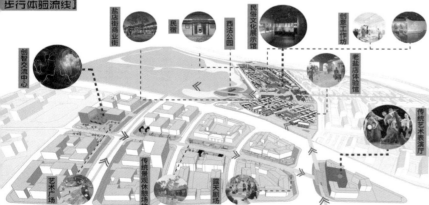

**[步行体验流线]**

创智交流中心　盐店街商业街　民宿　西沽公园　民俗文化展示馆　创意工作坊　老盐店体验馆　传统艺术表演厅　艺术广场　传统景观休憩场地　露天剧场

**[传统建筑+体验式节点]**

**[现代建筑+体验式节点]**

**[设计构思]**

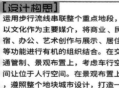
运用步行流线串联整个重点地段，以文化作为主要媒介，将商业、民宿、办公、艺术创作与展示、居住等功能进行有机的组织结合。在交通管制、景观布置上，考虑车行空间让位于人行空间。在景观布置上，遵照整个地块城市设计，打造一景观区三核心多节点的景观体系，整体形成西沽文化艺术体验区

**[共享展厅院落空间]**

**[养老社区打造]**

方案二

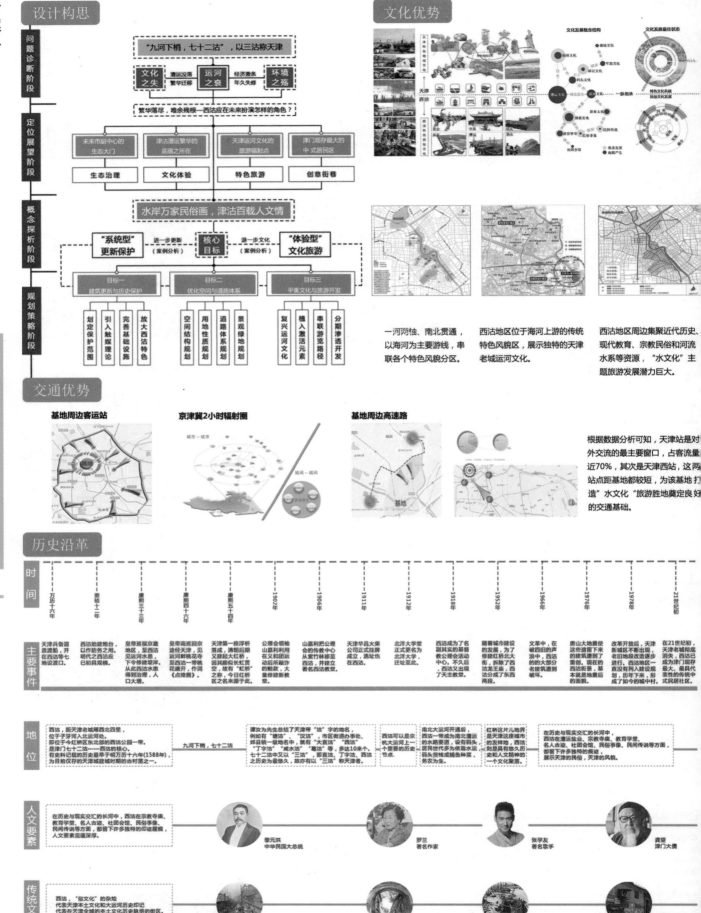

2018年 城乡规划专业京津冀高校「X+1」联合毕业设计作品集

## 上位规划解读

**天津市总体规划**
天津市总体规划对西沽地区的定位是西站副中心的重要组成部分。天津市中心城区规划结构"一主两副",西站地区副中心由西站综合交通枢纽、西站中心商务区等组成。

**红桥区总体规划**
红桥区规划承接天津市中心城区总规,细分功能板块。西沽地块适于发展成为具有示范性的生态和谐与文化荟萃的宜居城区。

**红桥区—天津城区的西北门户**
西沽地区,位于红桥区东部,作为天津副中心之一,有责任和义务带动该区域的进步与发展。

**开发强度规划图**
从整体规划开发强度来看,该基地开发强度较高,契合将其打造成城市副中心的目标。

**绿地景观规划图**
该基地内部有完整的绿地景观系统,通过绿带漫步系统将西站与西沽公园相衔接。

## 现状分析

### 现状建筑利用

基地现状三类居住地过多,缺乏商业设施,配比严重失衡。教育科研用地充足,文化设施和医疗用地不足。总体公共管理用地充足,公共服务设施用地较少。

基地现状建筑大部分为1层建筑,少量居住建筑为2层或6层。

基地内仅有部分小区质量较好,住宅区私搭乱建现象严重,房屋质量较差。

### 现状建筑利用

基地内保护保留建筑有基督教西沽堂和杨家大院。许多历史建筑保留有当时的文化符号,风貌较好。

### 现状外部交通条件

外部交通条件较好:内有红桥北大街、北临光荣道、南有子牙河南路,且在基地西于庄地区规划设置4号线两个站点,强化外部交通条件。

### 现状内部交通条件

内部交通条件较差:基地内部道路杂乱无章,街道环境缺乏整治,局部较为脏乱;居民私占道路,私搭乱建现象严重。

### 基地现状调研

## 主要挑战

**特色消逝**
西沽地区本是繁华的漕运码头,但随着时间流逝,运河作用逐渐减弱,西沽繁华不再,特色消逝。

**环境凋敝**
基地内部空间环境、建筑质量较差,交通缺乏管制,街巷空间混乱,公共服务设施和开敞空间缺乏。

**生态衰败**
基地现状三河共拥,但沿河生态并未得到较好的保护与利用,滨水空间活力低下,吸引力不足。

**文化失落**
西沽地区本是文化底蕴深厚的历史地段,但是由于对历史文化保护缺乏重视,致使西沽呈现文化失落的现状。

 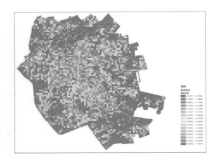   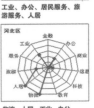

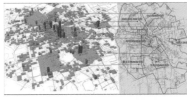 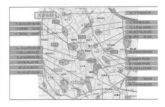

和平区

商业、信息、金融、办公、旅游服务、人居

河东区

工业、办公、居民服务、旅游服务、人居

河西区

金融、办公、旅游、教育、居民服务业、商业

南开区

科技、教育、工业、居民服务、商业

河北区

物流、人居、工业、办公

红桥区

工业、人居、商业、教育

从六区功能发展比较来看，红桥区旅游业、服务业、科技技术产业发展不足。西站地区位于红桥区，其地处三条河流（南运河、海河、子牙河）的交汇处，史称"三岔河口"三岔河口是天津地理区位的核心部分，天津也因此而繁荣。

西站片区产业发展以商务金融为主，故对天津各商务金融 产业集聚区建设情况及发展重点进行分析：天津现已建设及正在建设小白楼、武清、滨海新区三大核心商务区，涵盖对外贸易、现代服务、港口物流等方面；但是其中正在建设的滨海新区已经陷入停滞，而小白楼、武清等已建成商务区缺乏高新产业进驻、空置率高达90%，综上商务区的开发强度及建设规模明显大于实际需求。而其核心原因是天津紧邻北京，高端人才大量涌入首都，相比之下天津无法吸引人口和资金；而在天津积极促进工业产业结构转型升级的当下，显然商务金融不能作为主要的产业转型方向，发展前景并不好。

从天津因河而兴、因漕运而繁荣发展，由漕运文化衍生出了盐文化、商业文化、妈祖文化等。但在发展规划中并未体现水文化特色，尚未突出三岔河口的历史文明。

因此，在红桥区西站地区的规划发展，应充分利用其临近交通枢纽的交通优势和深厚的水文化底蕴，以文化为依托，发展水文化旅游从而促进经济发展，文化繁荣。

## 触媒联动效应

触媒效应是指通过在城市改造中策略性地引入触媒元素，影响或带动其他元素发生改变，从而促进城市客观建设条件的成熟，推动城市快速发展的研究方法。

触媒效应的发生必须有元素、触媒、媒介三个要素，其中元素是指有机会成为触媒点的城市构成要素，它可以以各种形式存在，有被塑造的价值，通过某种地段其属性得到改变成为触媒，触媒间以某种作用力互相影响，这种作用力成为媒介。

### 旧街区更新分析

   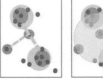

触媒点选取　触媒点激发　触媒点派生　联动生面　触媒点联系

1、整理分析城市构成要素，确定触媒元素及发展策略。
2、改变既定触媒元素外在条件或内在属性，从而带动其自身后续发展。
3、随着元素间的相互作用，能量传递，原有元素功能趋于完善。
4、新元素被吸引加入与原始触媒点与新元素一起共振整合形成更大的城市联动反应。

### 原始触媒元素提取及核心区域分析

 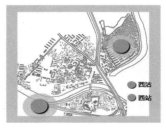  

1、整理分析城市构成要素，确定触媒元素及发展策略。
2、改变既定触媒元素外在条件或内在属性，带动其自身后续发展。
3、随着元素间的相互作用，能量传递，原有元素功能趋于完善。
4、新元素被与原始触媒点一起振整合，形成更大的城市联动反应。

北

0 50 100 200m

**设计说明:**

　　该方案位于天津市红桥区西沽地区，本次规划研究的范围约3.2平方公里。地块内包含天津西站、西沽公园和天津现存最完整的中式民居社区及子牙河与北运河。此次规划设计，在以实地调研和gis现状分析的基础上，整体把握水、环境和人之间的关系，将基地定位为水文化旅游中心。接着运用轴带联动效应，方案最终形成了"一轴、三心、七片区"的整体结构形态。本着以人为本的设计理念，最终西沽将会成为风景优美，适宜居住，特色明显，经济繁荣的水文化中心。

**总平面图**

河北农业大学

137

**总平面分析**

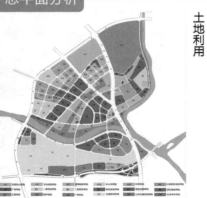

土地利用

功能布局

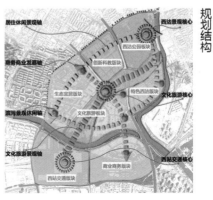

规划结构

## 策略分析

### 激活策略

聚其居

落其俗

安其业

融其绿

人们居所的聚集使公共交流成为可能房屋旁的街巷成为最初人们交往和活动的空间。

民俗的形成和文化传播往往依托于聚落内的公共活动,通过代代参与和传承不断加深。

运河水韵悠远,文化发展延续,依其塑造西沽印象,建设水文化相关的展览馆,形成旅游产业。

聚落的发展依托于周边的自然环境,聚落周边富有活力的绿色空间形成天然的公共空间。

### 水文体验策略

**市井文化**
传统文化衍生
- 宗教:龙王庙复建改良和风貌提升,形成文化节点
- 集市:设置特色商铺主题景点,进行真人表演等活动
- 庙会:还原西沽太平花鼓老会,结合元宵节实现节日庆典

**民俗文化**
生活风情体验
- 民风民俗:参与民居食宿、节日习俗等活动
- 古街老院:通过传统街巷、院落复原,满足怀旧情绪
- 民间手艺:运河艺人在现场展示传统技艺

**休闲文化**
旅游度假产品
- 餐馆餐厅:运河老街现代餐饮、沿河水吧和咖啡吧
- 民间小吃:移植部分天津的著名小吃于此地,形成特色餐饮
- 度假民宿:打造运河文化体验式民宿,感受西沽水文底蕴

### 西沽人家策略

### 旅游策略

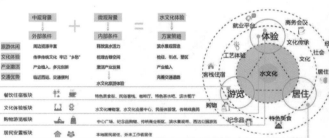

## 场景营造

## 系统分析

道路交通

绿地景观

高度分析

## 结构推演图

### 功能结构推演

一轴延展 三河六岸 功能串接

两路三区 四轴三心七片区 组团细化

### 道路结构推演

系统组织道路

分析道路状况及肌理

整合疏通内部道路

保留内部主干路

## 建设时序图

梳理地形，进行土地污染修复，清理河道，明晰路网。
**一期建设**

内部路网继续建设，对基地内传统建筑和天津西站保留居住进行梳理，完善基础设施。
**二期建设**

对传统居住进行改造更新，进行居民安置工作，系统建设宜居社区。
**三期建设**

开始进行旅游业建设，打造滨水休闲带和中心文化旅游带，对传统建筑进行更新改造。
**四期建设**

建设西站商务版块和局部商业，继续对传统建筑进行改造，业态引入基本完成。
**五期建设**

对地块进行整体把控，继续完善前期建设，完成商务及科教区的建设
**六期建设**

## 策略分析

### 西沽传统居住区改造策略

**区域划分**
根据原有建筑布局进行布局规划，延续历史空间格局。

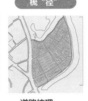

**道路梳理**
将内部机动车道与步行道进行梳理，并阻止外来车辆对基地的干扰。

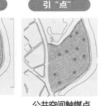

**公共空间触媒点**
根据原有建筑布局进行规划，延续历史空间格局。

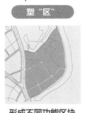

**形成不同功能区块**
将新建筑及公共空间置入原有建筑空间改变原有功能结构，使其多元化。

### 空间形式的传承与衍生

保留原西沽大街和公冶街，存留住西沽居民的历史记忆和原有的一些生活习惯。

拆除私搭乱建建筑、清理街道，保留形制较好的院落和建筑，拆除局部质量差的建筑，抽取老街元素，延续肌理进行加建。

沿街布置流线和开敞空间，置入业态，在传承文脉的基础上增加多元化。

### 建筑改造策略

**拆除**
拆除临时搭建，违背风貌

**增加**
增加建筑，还原肌理

**重组**
肌理重构，组织院落

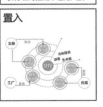

**置入**

**更新**
原有功能
更新功能

**保护及还原**
修复院落
保护古树

### 传统元素提取

**形质提取**
二进制院落 提取变换

**提取**
窄长宅基 排列组合 中心宅基 围和院落

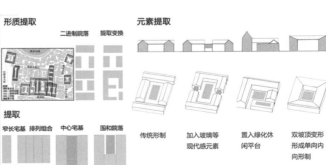

**元素提取**
传统形制
加入玻璃等现代感元素
置入绿化休闲平台
双坡顶变形形成单向内向形制

## 水脉分析　　　　　　　　绿脉分析　　　　　　　　　文脉分析

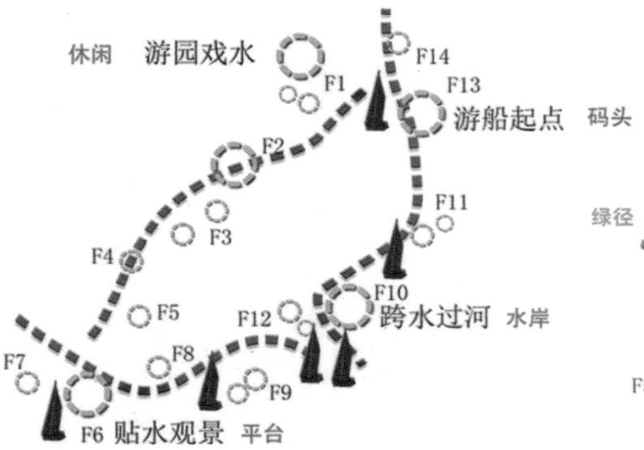

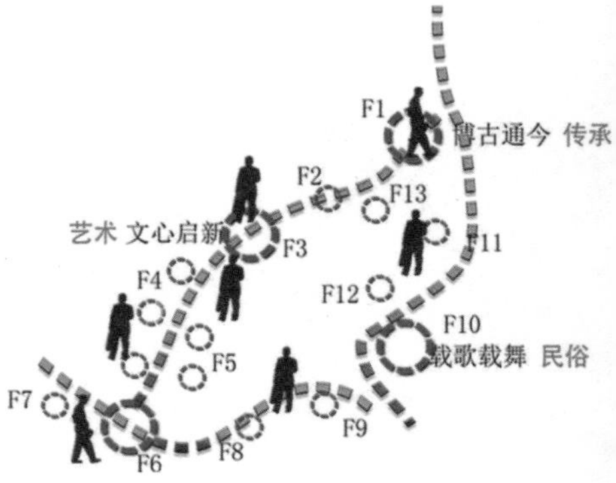

休闲　游园戏水
F14
F1　F13
F2　游船起点　码头
F3
F4
F11
F5
F12　F10
F7　F8　跨水过河　水岸
F6 贴水观景 平台　F9

面状绿化
F1
F11
绿径　点状绿化
F2
F10
F3
F12
F4
F9
F5　F8
F6 带状绿化 绿廊

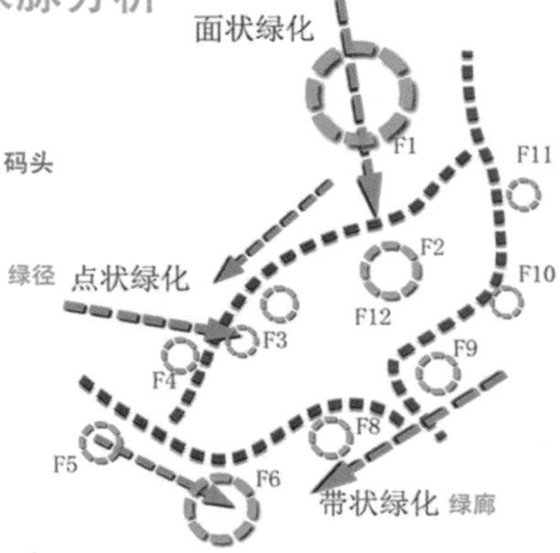

F1
博古通今 传承
F2
F13
艺术 文心启新
F3
F11
F4
F12
F5 F10 载歌载舞 民俗
F7 F6 F8 F9

## 滨水空间处理 - - - - - - - - - - - - - - - - - - - - - - - - - - - - - - - - - - - - - - - - - - - - -

现状北运河驳岸

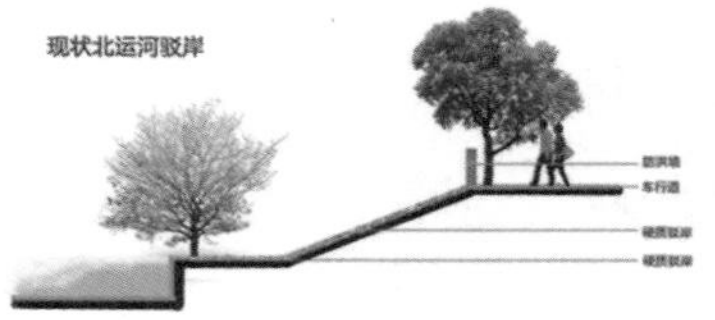

北运河驳岸——屋顶平台

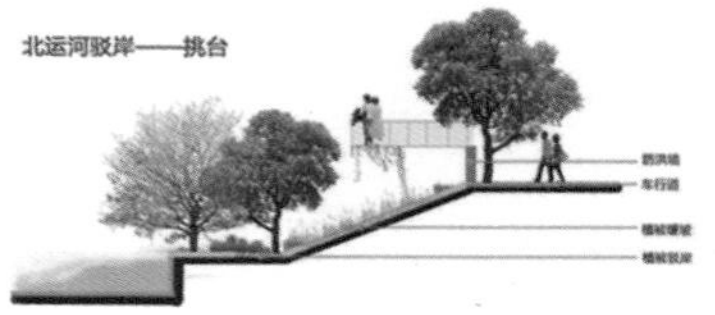

现状子牙河驳岸

子牙河驳岸——亲水平台

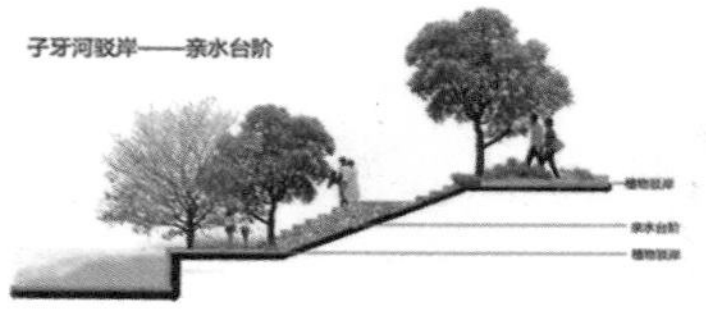

现状北运河驳岸

北运河驳岸——挑台

现状子牙河驳岸

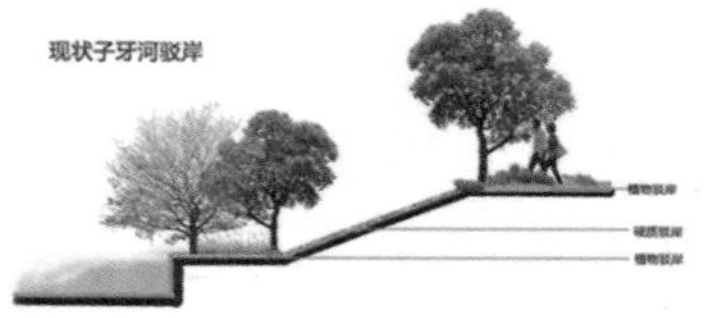

子牙河驳岸——亲水台阶

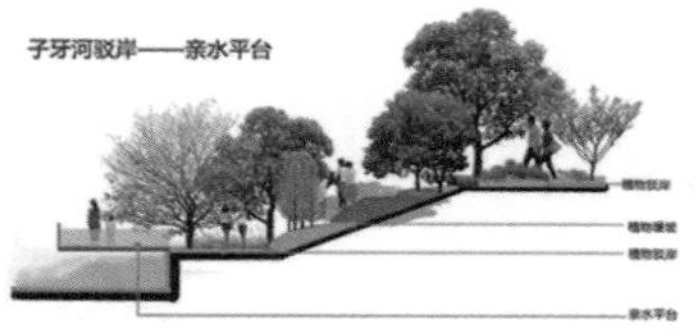

## 水岸剖面形式 - - - - - - - - - - - - - - - - - - - - - - - - - - - - - - - - - - - - - - - - - - - - - -

### NATURE SECTION

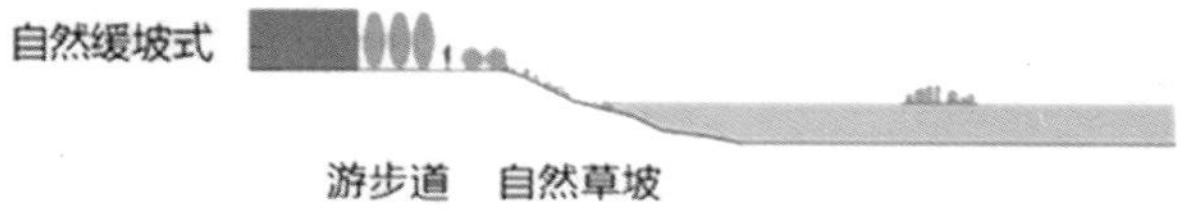

自然缓坡式

游步道　自然草坡

### URBAN SECTION

分层式

游步道　活动平台

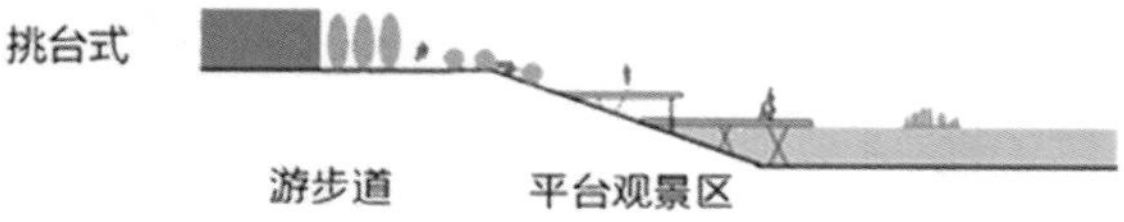

挑台式

游步道　平台观景区

### MIXED SECTION

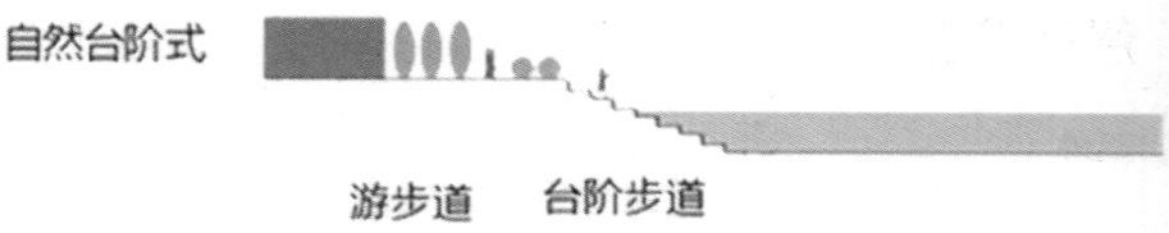

自然台阶式

游步道　台阶步道

栈道式

游步道　自然草坡　栈道游憩区

码头式

游步道　平台休息区　码头

2018年
设
计
作
品
集

城乡规划专业京津冀高校「X+1」联合毕业

140

游西沽

閒暇游遍津城美

獨愛西沽水墨痕

每暢詩懷諸友好

場冶畫境戀晨昏

节点效果图

重点地段展示

文化旅游景观轴

流水空间

示范性居住区

文化旅游带

特色西沽区

天机轮廓线

天津西站

商务办公

现代商业

会展中心

文化SOHO

商务办公

特色西沽

示范性居住

创新科教园

西沽公园

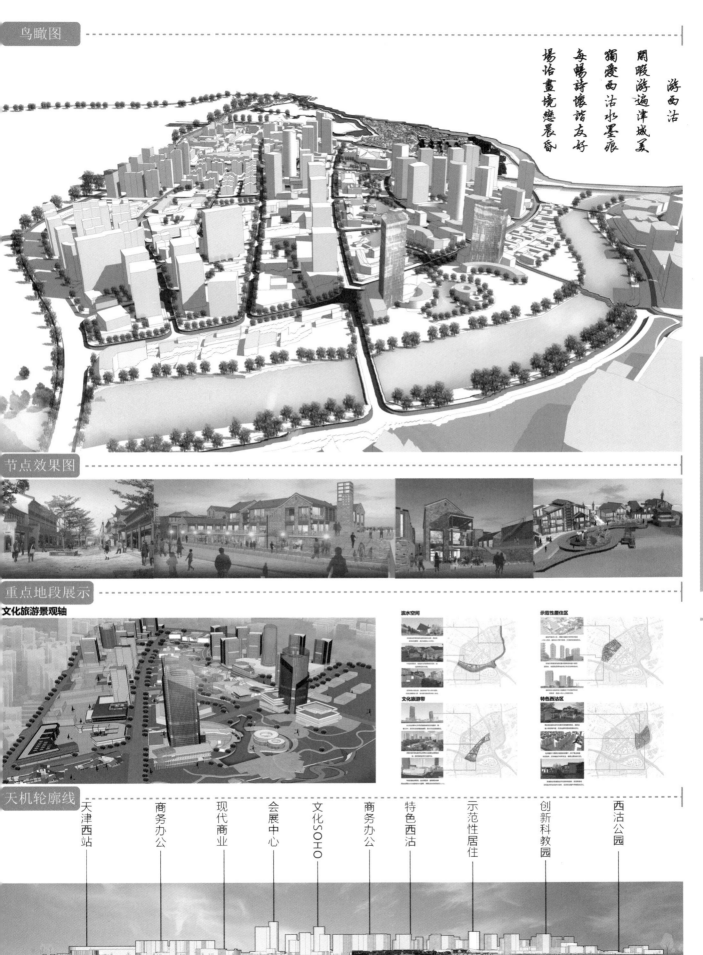

# 河北建筑工程学院

# 指导教师感言

崔英伟　　　　　　　王力忠　　　　　　　王爱清　　　　　　　张玉梅

　　继去年首届城乡规划专业京津冀高校"X+1"联合毕业设计成功举办，今年第二届联合毕业设计在终期答辩后也画上了圆满的句号。联合毕设过程中，九校学生运用所学的知识和技能方法接受社会现实的考验，我们河北建筑工程学院的四名学生也付出了很多努力，为自己的大学阶段学习递交了一份满意的答卷。

　　京津冀高校"X+1"联合毕业设计，由京津冀高校城乡规划专业教育联盟主办，河北工业大学、天津城建大学承办。感谢主办方和承办方的精心组织，使我们享受到了跨校跨地区的学术盛宴。本次联合毕业设计选取"记忆 · 更新 · 价值——存量语境下的西沽地区城市设计"为设计题目，选题充分与国家发展大形势相结合，兼具地域性、文化性、矛盾性、实践性。西沽地区因其重要的区位、独特的文化、悠久的历史及新形势下的发展条件得到大家的关注，揭开了未来天津需要一个怎样的西沽的思考与探索。

　　毕业设计是对学生大学五年来所学课程的一次全面总结与教学验收。作为指导教师，能够辅助学生参加联合毕业设计，并参与开题报告、中期汇报和毕业设计答辩全过程，感慨良多，收获也颇多。整体设计过程中，我们带着学生们到现场调研，反复开会讨论，进行不同观点的交融与对抗。经过研究、分析、策划、定位，同学们的方案一步步深化，尽力构建西沽地区城市建设适宜的未来发展之路。不管最终成果是成熟还是稚嫩，同学们在团队合作中一步步前进、成长，视野更广阔，专业学习思路更成熟，也收获了业内大咖对于自己职业人生节点的引导。通过真题地块的方案实战，学生体会到了青年规划师的责任感、使命感，还有团队协作的重要性。这也正是联合毕业设计对学生们最大的价值和意义。

　　联合毕设是一个教学相长的过程，通过参与高校不断努力，逐步形成了三地校企、校际以及高校与行业协会协同专业培养的新模式。感谢此次参加联合毕业设计的所有院校及参与单位，正是通过毕业设计的交流互动，带给我们更多教学上的思考与灵感。

　　祝 "X+1"联合毕设越办越好，吸引更多的高校参加，取得更加优异的成绩！

**崔英伟、王力忠、王爱清、张玉梅**

# 学生感言

卢韵竹：此次联合毕业设计，不仅是对过去五年所学知识的梳理与检测，同时自己的专业水平也有了一定提高。联合毕设中有忙碌也有欢笑，我们一行四人同老师一起为我们的学习和设计成果倾注了无限的努力。经历了不断熬夜，不断调整更新，我们之间也建立了更加深厚的感情。同时，我们对天津西沽地区也有了新的认识和感情，对传统文化的传承和更新，以及在现代生活的植入也有了新的理解。传统文化的保存不只是物质上的，更重要的是传统生活气息的保存，社区活力的保存。感谢同组成员的不懈努力，携手共进，感谢老师在设计上的指导以及生活上关心，让我们度过了有眼泪有欢笑的最后大学时光。

徐子涵：很荣幸能参加本次"2018年城乡规划专业京津冀高校X+1联合毕设"。时光飞逝，转眼一个学期过去了，毕业答辩也已经结束。通过与其他高校的相互学习与交流，学习到了很多，也发现了自身存在的很多不足。更加幸运的是能聆听到专家精彩的讲评，受益匪浅。这段终生难忘的学习经历给予我人生更多的积累，指引我在今后工作和学习中加强创新意识，增强创新能力，突出规划重点。这次联合毕设为自己大学五年的学习画了一个完满的句号，自己的抗压能力也有了很大的提升。这也是今后的一个起点，希望自己不断成长，在规划设计的道路上大步向前。

郭家铎：很荣幸参加了城乡规划专业京津冀高校"X+1"联合毕业设计——天津市西沽地区城市设计。历经三个多月的时间，我们通过调研、收集资料、分析资料、提出构想、生成方案、修改完善方案，最终圆满完成了本次设计。感谢联合毕设为我们搭建了一个学习、交流、提升自我的平台，我们从中学习了知识，增长了见识，专业素养得到了极大的提升。感谢各位老师的倾力相助，督促、鼓励、帮助我们不断完善、深化方案。也同样感谢毕设小组队友的鼓励帮助，我们彼此学习共同提高。联合毕业设计虽然已经结束，但是在设计过程中我们所学到的知识、所经历的考验是这次设计最大的收获与财富，让我们受益匪浅。

殷世旭：本科最后一个设计，我选择了联合毕设，这既是对自己的一次挑战，也是为自己大学生涯选择的告别礼。通过三个多月的努力，经历了开题、中期和终期各设计阶段，也算较为圆满的完成了本次设计。在设计的过程中老师给了我们很多的指导，让我们能够明晰自己的设计思路，完善设计方案，连贯设计过程；另外与同学的相互配合、相互学习也使自己受益颇多；当然在这三个月的时间里，自己也通过努力学习到了许多，完善了自己的知识储备。设计的过程中，我们发现要把自己学到的知识运用到自己的设计当中，不是那么简单，是需要时间和思考才能让自己的想法完整且正确地呈现在设计中。这种认识和设计过程在之后离开学校的时间中，一定会激励着自己继续努力地学习，完善能力，做一个合格的规划人。

# 释题与设计构思

## 释题

　　天津西沽地区始建于隋朝，是天津传统文化的起源地，也曾是天津三叉河口交汇的水陆交通集散枢纽和物流中心。天津传统文化始于此，传承于此，发展于此，这是天津本土文化的根与源。时至今日，天津西沽地区是天津市唯一仅存的还保留有传统文化空间的地域。然而面对着现代化的挑战，西沽地区的文化遗存岌岌可危。在延续运河文化以及发展天津特色的大时代背景下，如何正确认识西沽地区的价值与意义，在保存传统文化的同时创造发展机遇，并以合理规划来引导未来的发展，迫在眉睫。同时，地块内还包含天津西站这一独特的交通枢纽，为地块增添了功能的复杂性也增添了地块的活力。上位规划中给予西站西沽片区以城市副中心的定位，在一定程度上引导了我们对地块的发展趋势的判断。

　　基于这几方面，我们分析了地块城市设计的重点关注内容：传统文化、交通枢纽以及居民生活。在传统文化方面我们需要思考的主要问题，就是如何在提升居民生活品质、创造地块特色与收益的前提下，同时保存地块文化的物质传承和生活传承。老西沽地块多为传统遗留的居民棚户区，传统建筑年久失修，部分功能的缺失使之已经不能满足原住民现代的生活需求，街道私搭乱建严重，街巷空间环境较为恶劣。相较于地块的文化积淀的传承，对居民基本生活的改善也是设计的重点。在西站这一交通枢纽方面，高铁站或火车站可以为一个地区带来经济收益，但是现状的天津西站对于整个西站地区还是"吸血作用"。经调查研究发现，西站正在逐步由吸血向输血发展，西站也将给整个地区带来新的发展机遇。现代的商务商业将基于天津西站的发展而逐步繁荣。此时，在传统文化传承和现代空间发展的碰撞之下，西沽地区的建筑风貌也需要有一定的控制，避免出现城中村的城市景观。在以上分析之下，我们对整个西站西沽片区有了新的目标定位：西站门户，活力中心；天津之源，记忆之根；运河之畔，生态之城。即在依托现状文化资源、生态资源以及交通资源的基础上，传承传统，重塑地块活力，彰显地块魅力，为西站西沽片区带来新的发展。

## 设计构思

### 方案一：西携一脉轻舟去 沽酒三斟饮古今
**设计者：卢韵竹　徐子涵**
**指导老师：王力忠、张玉梅**

　　西沽地区是天津的发源地，具有深厚的历史文化底蕴；基地紧邻天津西站，有着独特的交通区位优势；北运河与子牙河环基地东南而过，带来了良好的景观渗透与生态影响。但是其存在内部环境较差，优势资源未得到充分的利用，整个片区活力不足等问题。基于西沽地区的传统文化唯一性，运河文化的宏观影响以及现代西站的辐射与带动，设计以西站交通枢纽以及西沽文化内涵为设计的切入点，以问题为导向。通过对地块内重点要素——西沽传统民居、天津西站的深入分析，解决问题，结合地块的整体风貌与市井文化气息，将本土文化、运河文化以及现代文化融合设计，将传统商业、文化商业以及办公商业等不同形式商业植入，打造综合的活力中心。在西沽传统民居片区采用自组织更新方式，传承传统风貌的同时为居民提供更好的生活环境，同时引进商业，增加居民收入。充分利用地块的绿地资源、文化资源等营造多元融合，活力更新的活力社区。

方案二：天津市西沽地区城市设计

设计者：郭家铎　殷世旭

指导老师：崔英伟、王爱清

　　基地位于红桥区，子牙河与北运河交汇处，西起红桥北大街，北至光荣道，运河环基地东南而过。规划总面积约2.04平方公里。

　　本次规划对基地定位为主要辐射天津中心城区西北部，集商务金融、商业贸易、文化休闲及居住于一体的，集中展现天津崭新城市形象的综合性城市副中心。

　　本次规划设计一条集功能、生态、交通、休闲于一体的高度复合的主轴线，南起西站枢纽，串联基地主核心，北至西沽公园。在基地主核心的拉动下，金融商贸板块、休闲综合板块、行政办公板块、商业服务板块等布局在主轴线的两侧，形成互动共生的功能布局。基地东部的地块将原有居民部分迁出，保留部分居住功能，同时发掘基地文化底蕴，打造特色文化区。沿北运河与子牙河设计了一条生态轴线，将基地重要的生态资源串联起来，体现"水绿城交融"的理念。

　　规划完善道路交通体系，运用密路网、微循环的理念，在内部形成紧密联系的交通网络系统。同时新建桥梁加强两岸的联系。在公共空间策略方面，规划多个空间节点，以街道空间串联各个节点。

　　通过本次设计，完善基地功能，发掘基地文化，塑造基地良好形象，打造充满活力与特色的综合性城市副中心。

河北建筑工程学院

### ▪ 区位分析

宏观　　中观　　微观

天津是京津冀都市经济圈中的重要增长极。红桥区是天津的西北门户，天津"西进"的主要通道，天津主要交通枢纽之一；天津副中心之一，基地位于子牙河与北运河交汇处，西起红桥北大街，北至光荣道，运河环基地东南而过。规划总面积约2平方公里。

### ▪ 上位规划

红桥区控制性详细规划　　红桥区总体城市设计

红桥区控制性详细规划　　红桥区总体城市设计

天津市"十三五"规划

"十三五"规划中指出打造进发创新活力、富有文化魅力、彰显滨水特色的"三城一中心"：
建设创新引领、创业汇集的科技之城；
建设文化繁荣、旅游发达的人文之城；
建设绿色低碳、滨水宜居的生态之城；
建设交通便捷、功能完善的现代化城市副中心

总规和总体城市设计的借鉴与不足：
道路的分级和密度合理，由天津西站引向西沽公园的主要轴线可以凸显城市形象。但是轴线以及绿带尺度过大，并且开发强度太大。未重点考虑拆迁居民的回迁问题

### ▪ 文化分析

基地文化　　运河文化

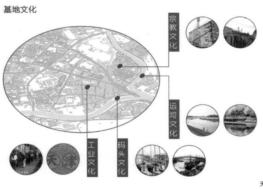

宗教文化　运河文化　工业文化　码头文化

地块内部的主要文化有宗教文化、运河文化、码头文化和工业文化。

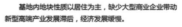

天津的大运河遗存一共72公里，而红桥区有13.3公里。天津市运河总体结构为"一线两区三点"，其中"一线"指运河河道；"两区"指三岔河口片区。基地位于三岔河口片区，并且北运河沿基地东部流过。

### ▪ 历史沿革

隋朝修建京杭运河后，在南运河和北运河的交会处，史称三会海口，是天津最早的发祥地。

**隋**

**1214年**
南宋在三岔设直沽寨，在今天后宫附近已经形成街道。是为天津最早的名称。

朱棣为纪念"靖难之役"将此地改名为天津，在三岔河口西南开始筑城设卫，称天津卫。

**1399年**

**清**

**1725年**
清雍正天津撤卫为州，随后又升天津州为直隶州。雍正九年(173年)，升直隶州为天津府，另设天津县。

第二次鸦片战争后，天津被迫开埠，九国先后在天津划定租界。

**1858年**

**清末**

1949年1月15日，天津解放。1952年经政务院批准天津县全部划入天津市，塘大市改称塘沽区，市区遂与塘沽区连成一片。

### ▪ 问题总结

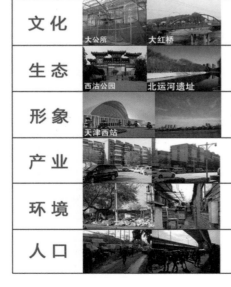

| | | | |
|---|---|---|---|
| 文化 | 大公所　大红桥 | 基地历史悠久，文化底蕴丰厚。但是快速的城市建设致使其特有的文化被人们所淡忘，现代化建设对地块的文化和特色造成巨大冲击。 |  文化植入，形成特色文化空间 |
| 生态 | 西沽公园　北运河遗址 | 基地紧邻运河，内部有绿肺——西沽公园。但是在河流两岸的生态环境并未得到重视，也未能形成良好的景观。整体绿化植被较少，容易导致城市的洪涝灾害。 |  沿运河生态修复，景观渗透，内部绿地系统化 |
| 形象 | 天津西站 | 基地与天津西站隔河相望，交通区位优势明显。但是西站的门户空间形象不突出，缺少特色。作为天津市的副中心之一，整体开发强度较小。 |  突出门户空间及副中心形象 |
| 产业 | | 基地内块地性质以居住为主，缺少大型商业企业带动新型高端产业发展滞后，经济发展缓慢。 |  融合多元功能，增加地块活力 |
| 环境 | | 居住环境较差，基础设施和公共服务设施配套不足，居住以一类居住用地为主，大多质量较差，私搭乱建严重。 |  改善居住环境，增加公服设施和公共活动空间 |
| 人口 | | 基地内老龄化率高于全市平均水平，困难家庭较多。 |  吸引不同身份的人群在此活动 |

2018年 城乡规划专业京津冀高校「X+1」联合毕业设计作品集

## ▪ 基地分析

### 道路交通分析　　　建筑质量分析　　　建筑高度分析　　　现状用地分析

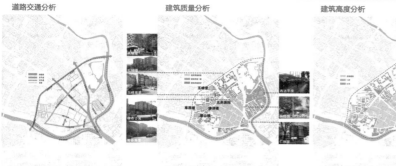

区域道路路网密度不均匀，存在很多断头路。主要道路红桥北大街，道路质量较好。

西沽西现状质量较差，基本已拆除，西沽东街巷院落空间尚有保存价值。西沽老城片区基本为1-2层，新建居住为5-6层。

现状居住约占50%，并且以三类为主，配套设施不足。功能分区布局混乱，缺少商业带动整个片区的活力。

### 文化遗存分析　　　公服设施分析　　　肌理分析

基地内部有文化遗产保护较多，保存情况也较好。

基地内部有多所学校，分布较为合理，但是其他设施较少，周边居民使用不便。

肌理相对于周边地区更加具有自发性，街巷和建筑尺度较小。

### 天津各区主导产业

| | |
|---|---|
| 和平区 | • 金融、娱乐和商业 |
| 南开区 | • 教育与高科技 |
| 河东区 | • 金融与商贸 |
| 河西区 | • 房地产与文化产业 |
| 滨海新区 | • 金融、信息产业和高端制造业 |
| 红桥区 | • ？？？ |

## ▪ 案例分析

### 商务区占比分析　　　　　　　车站辐射范围分析　　　　沿河开发模式

 纽约曼哈顿 1.65k㎡
 悉尼 1k㎡
 上海陆家嘴 1.7k㎡
 日本新宿 1.6k㎡
 新加坡 1.5k㎡
 北京朝阳CBD 1.5k㎡

对国际大型中心区选取2km*2km的范围进行研究，商务区在中心区所占比例约40%-50%

分析天津站、北京站、上海站等火车站，发现车站周边的影响范围一般为700-1000m，随着距离增加火车站的影响减弱

 陆家嘴——CBD
 秦淮河——文化+旅游

### 运河开发模式

英国旁特斯沃泰水道桥与运河案例
1. 步行轴线串联主要遗产
2. 后工业文明时期的现代休闲娱乐和教育空间的转变
3. 促进遗产区与实践主体的文化互动

京杭大运河杭州富义仓案例
1. 文创产业引入
2. 居民生活空间
3. 公众参与保护

## ▪ 规划控制

### 土地利用图

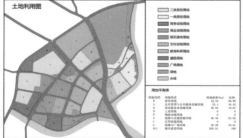

用地平衡表

### 容积率控制　　　建筑高度控制

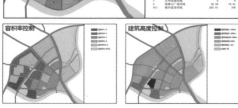

## ▪ 经济分析

### 2016年红桥区与其他五个中心城区各主要经济指标对比

| 项目 | 地区生产总值（亿元） | 地区生产总值增速（%） | 第三产业产值（亿元） | 第三产业比重（%） | 规模以上工业企业个数（个） | 规模以上工业企业总产值（亿元） | 实际直接利用外资（亿美元） | 社会消费品零售总额（亿元） | 限额以上批发与零售业商品销售额（亿元） |
|---|---|---|---|---|---|---|---|---|---|
| 和平区 | 802.62 | 8.4 | 783.29 | 97.6 | 6 | 175.49 | 2.90 | 488.74 | 2993.03 |
| 河东区 | 290.98 | 8.0 | 266.73 | 91.7 | 17 | 117.73 | 0.50 | 414.39 | 1499.68 |
| 河西区 | 819.85 | 8.3 | 790.92 | 96.5 | 33 | 411.19 | 1.60 | 509.46 | 1859.20 |
| 南开区 | 652.09 | 8.5 | 603.86 | 92.6 | 56 | 284.02 | 0.80 | 575.57 | 1357.23 |
| 河北区 | 415.67 | 7.3 | 333.65 | 80.3 | 27 | 773.89 | 0.80 | 260.25 | 663.78 |
| 红桥区 | 208.16 | 7.4 | 194.82 | 93.6 | 11 | 15.91 | 0.20 | 199.46 | 102.18 |

红桥区产业经济水平整体较低，以第三产业为主导，产业层次有待提升并形成规模经济。

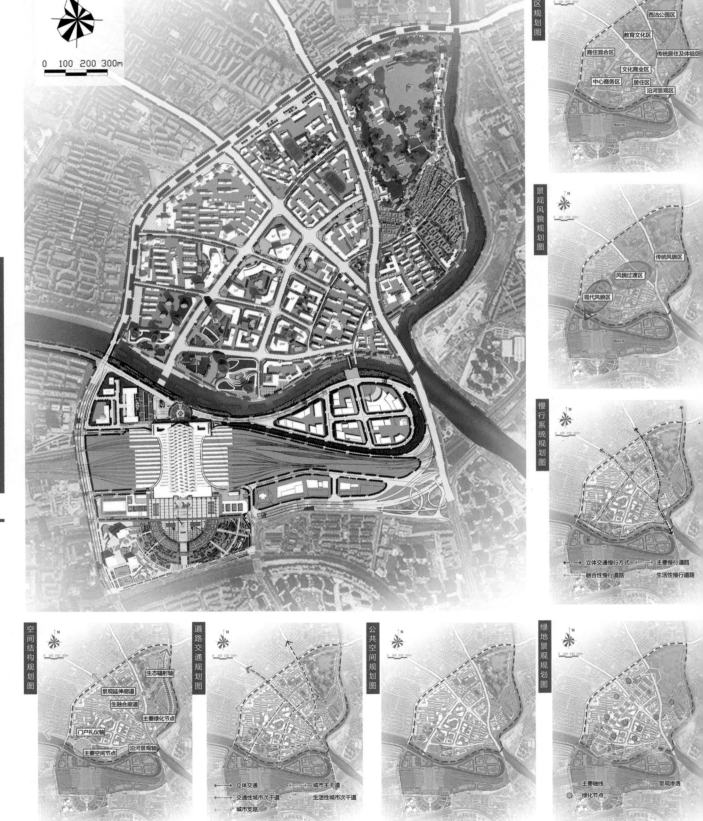

功能分区规划图

西洁公园区
教育文化区
商住混合区
传统居住及体验区
中心商务区
文化商业区
居住区
沿河景观区

景观风貌规划图

传统风貌区
风貌过渡区
现代风貌区

慢行系统规划图

←→ 立体交通慢行方式　←→ 主要慢行道路
←→ 融合性慢行道路　　←→ 生活性慢行道路

空间结构规划图

生态辐射轴
景观延伸廊道
生融合廊道
主要绿化节点
门户礼仪轴
沿河景观轴
主要空间节点

道路交通规划图

←→ 立体交通　　←→ 城市主干道
←→ 交通性城市次干道　　←→ 生活性城市次干道
←→ 城市支路

公共空间规划图

绿地景观规划图

主要轴线
绿化节点
景观渗透

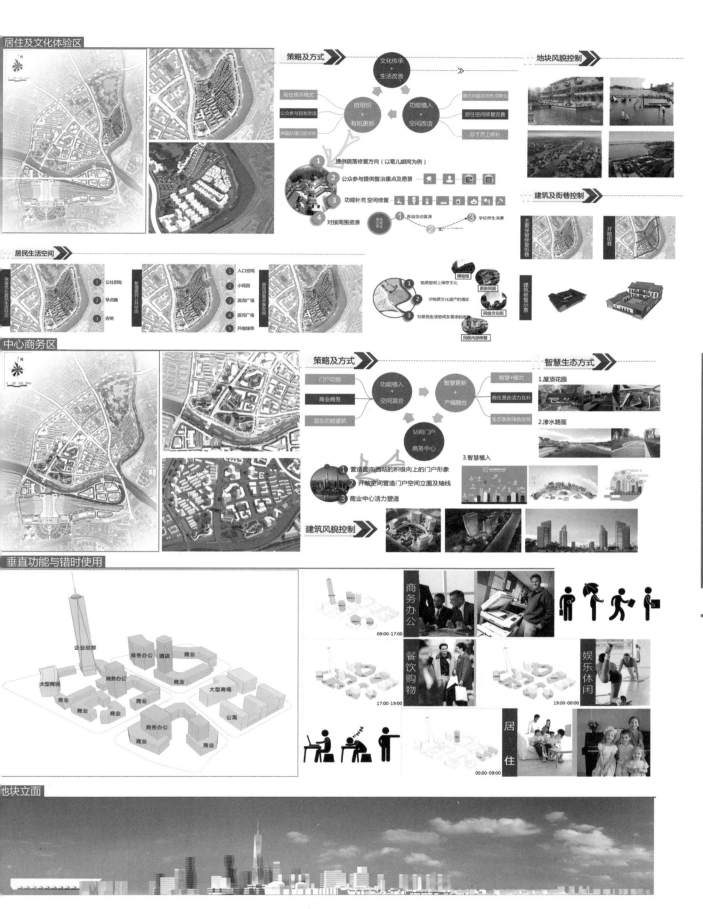

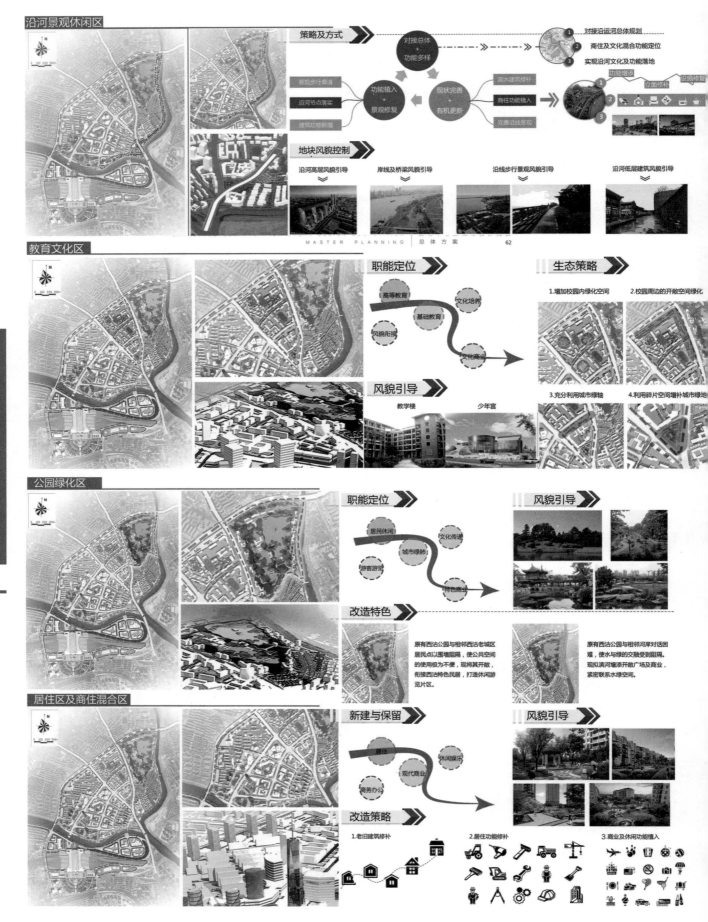

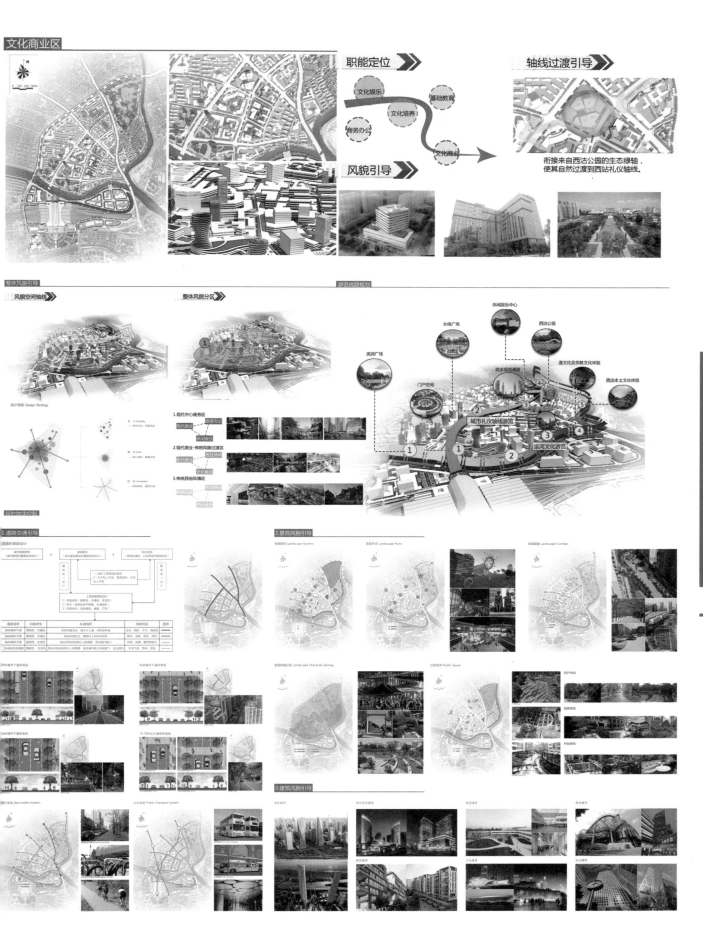

文化商业区

职能定位

文化娱乐　文化培养　基础教育　商务办公　文化商业

风貌引导

轴线过渡引导

衔接来自西沽公园的生态绿轴，使其自然过渡到西站礼仪轴线。

整体风貌引导

风貌空间轴线　整体风貌分区

游憩线路规划

其他地块控制

1.道路交通引导　2.景观风貌引导

3.建筑风貌引导

鸟瞰图

## 题目解读

**记忆：** 城市的记忆是指它从形成到现在的历史脉络，反映在城市的风貌肌理与人们的生活当中。

**更新：** 指的是将现状已经不适合现代化城市社会生活的区域进行必要的、有计划的改建活动。

**价值：** 体现在其自身的区位优势、文化优势、生态景观等资源的不可替代性，同时这些资源能够为地区的发展提供收益。

**存量规划：**

是在保持建设用地总规模不变，城市空间不扩张的条件下，主要通过存量用地盘活、优化、挖掘、提升而实现城市发展的规划。

**存量语境下的西沽地区规划：** 在西沽地区通过城市更新的手段，来平衡具有传统特色风貌的城中村片区的历史文化保护和城市发展需求，以此来构建西沽地区的特色空间形象，提高环境品质。

## 区位分析

基地位于天津市红桥区，子牙河与北运河交汇处，总面积约1.84平方公里。

## 历史沿革

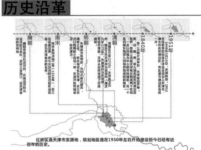

红桥区是天津市发源地，规划地区是在1950年左右开始建设而今已有近百年的历史。

## 背景分析

· 京津冀一体化发展与雄安新区的设立，天津市有新的发展定位。
· 红桥区在天津市起着门户、交通枢纽的重要作用，同时还是天津市副中心之一。

## 相关规划

· 红桥区总体城市设计：一心双核，五带七区，蓝绿交织，点轴布局。
· 红桥区控制性详细规划：商业为主，混合为辅；道路骨架合理；西站到西沽公园绿轴。

## 现状分析

**区域道路分析**

道路网密度整体适宜，局部不足。

**区域资源分析**

资源以教育、文化及生态资源为主。

**区域肌理分析**

**人群分析**

老龄化严重

对未来发展的看法

人群活动匮乏，场地较少。

**建设现状分析**

**建筑高度分析**

**建筑质量分析**

**用地现状分析**

图例

**文化资源分析**

**生态资源分析**

**教育资源分析**

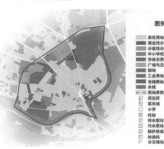

1.土地使用结构不合理——较大比例的低层次居住用地和工业用地反映了用地结构的不合理，土地价值未能充分利用。

2.现状土地利用模式与地块的良好的区位条件不相符，产业基础薄弱，现代服务业比例少，缺乏具有规模效应的龙头企业。

3.公共服务设施与绿地较为缺乏，公共设施分布不均，建设标准较低。

## 现状问题

- 经济：
  - 经济活力不足
  - 缺乏主导产业
- 社会：
  - 人口老龄化程度高
  - 基地拆迁、安置难度大
- 文化：
  - 文脉传承困难
  - 众多文物遗迹缺乏保护
- 生态：
  - 基地内众多景观资源亟待发挥更大的作用

## SWOT分析

| S | W |
|---|---|
| 1、交通区位良好<br>2、基地内西沽南片区历史文化底蕴深厚<br>3、基地紧邻子牙河与北运河，景观条件良好 | 1、区域经济发展相对疲软，持续发展动力不足<br>2、基地功能结构单一 |
| O | T |
| 1、红桥区政府大力支持西站副中心的建设<br>2、西站副中心客流将达1000万人次，为基地输血 | 1、从天津发展现状来看，滨海新区的发展未能达到预期的规模，西站副中心同样面临无法达到预想规模的挑战 |

## 经济分析

## 规划导向

| 基地改造的迫切性 | 曾经有过什么？ | 悠久的文化传承：天津的发源地 | 过去相当长的一段时间，红桥区一直是天津最繁荣的地方 |
|---|---|---|---|
| | 过去经历什么？ | 经济逐步落后：发展缓慢，与其他区域拉距扩大 | 目前，红桥区在地区生产总值、第三产业产值等方面，远远落后于和平区、河西区等发达城区 |
| | 现状剩下什么？ | 历史遗迹、人口老龄化 | 留下古建筑、古遗迹、古树，成为人们的记忆；老龄化超过天津市平均水平 |

红桥区亟需一个发展引擎

| 基地改造的必要性 | 天津市对于西站的改造升级提供了大力的支持 | 红桥区产业层次有待提升并且形成规模集聚 | 西站副中心有条件成为发展引擎 |
|---|---|---|---|
| | 红桥区目前的发展相对疲软，缺乏动力 | 天津市要与2017年9月正式启动西沽地区的危房改造计划并逐步完成西站副中心的建设 | |

## 规划目标

| 小白楼CBD<br>Xiao Bai lou CBD | | 西站副中心<br>West station sub-CBD |
|---|---|---|
| 城市中央商务区 | 提取 | 金融商贸、商业服务 |
| 城市中心商业区 | 提升 | 城市综合体、高端信息技术服务 |
| 城市中心社会服务职能 | 特色 | 休闲娱乐服务、特色文化体验服务 |
| 城市中心生活配套职能 | | |

## 规划定位

**紧邻天津西站**
基地紧邻西站副中心，交通区位优越同时，位于西站对岸，承担展示城市良好形象的功能，有较高的形象要求

**西站副中心**
基地是天津市五个城市副中心之一的"西站副中心"，承担着中央商务区的功能

**红桥区发展的客观要求**
为满足红桥区发展的要求，西站副中心功能定位应集金融商贸、商务办公、休闲购物等于一体，多样全面，协调配合

**多元、活力**
**综合性城市副中心**

西站地区城市副中心将建设成为辐射天津中心城区，集商务金融、商业贸易、文化休闲居住于一体的，集中展示天津崭新城市形象的综合性城市副中心

西站地区将逐步建设成为天津的城市副中心，功能与形象将得到全面提升
西站副中心将为中心城区西部注入新的活力，成为展示天津城市形象与城市品牌的新亮点

## 规划功能

- 领航功能——辐射中心城区的城市副中心
- 主导功能——面向中心城区西北部的高端、综合性服务中心
- 特色功能——融合天津传统特色与现代元素的天津风貌展示区
- 基本功能——天津中心城区西部的公共活动中心与生活服务中心

## 规划策略

### 策略一：空间缝合

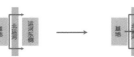

加强内部联系
通过功能互补

功能互补，完善功能布局，进而融入城市的整体格局，促进城市高效发展，提升城市的竞争力

东部与西部联系
架设桥梁加强

本次规划首要解决的问题是将红桥北大街两侧各自独立的城市片区融为一体，形成具有一定集聚和规模效应的城市功能区。

### 策略二：产业提升

提升和优化产业结构，打造以商务办公、金融创投、创意研发、文化产业、信息技术等多功能的产业片区，利用创新作为城市发展的动力，提升城市的竞争力。

### 策略三：珠连绿带

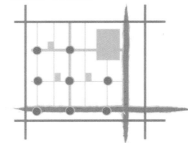

将其作为天津市中心城区重要的景观带。在基地内打造两条贯通基地的景观轴线，建立完善的步行系统网络，来联系整个地块的生态网络，串联各个公共空间，提升基地价值，达到生态宜居的目的。

### 策略四：依托交通枢纽

天津西站是中国大型铁路枢纽之一，可以为基地带来大量的人流，提升基地的活力。

完善基础设施，借助现有的交通优势，盘活用地，提升基地价值，让城市能够快速发展。

### 策略五：古今融合

本规划区内具有丰富的历史积淀，是城市特色的体现。规划区域在确立现代风格为基础的同时，也鼓励将地方的文化记忆和对城市的更新融合，提炼文化要素提升城市价值。规划城市是以现代风貌为核心，将对历史和传统的理解融入景观园林的设计创作中，为城市的新的建设增加文化内涵。

元素提取

元素应用

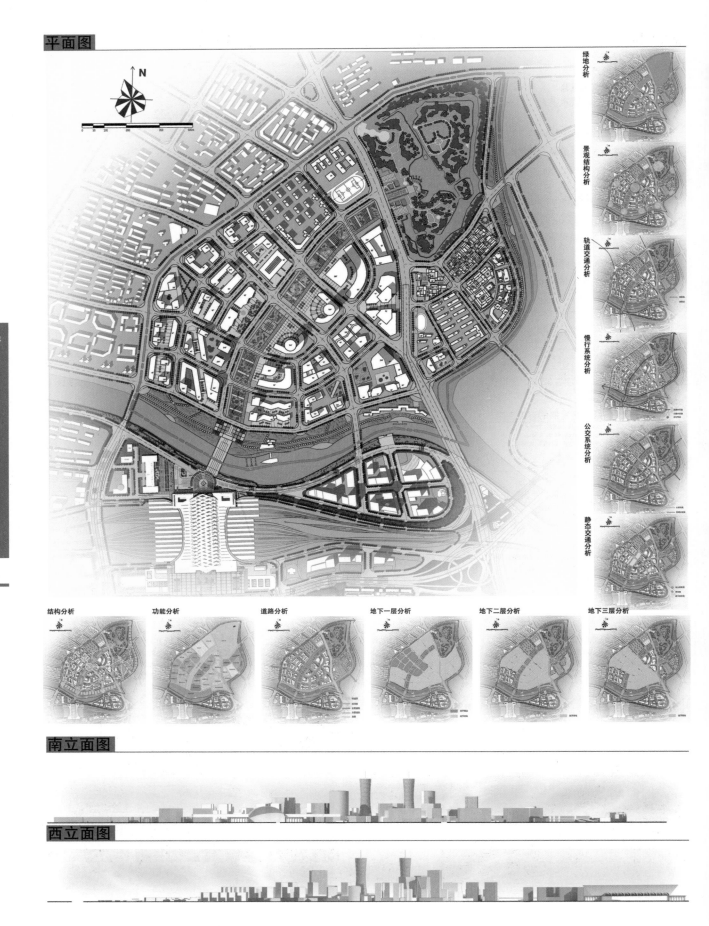

平面图

绿地分析

景观结构分析

轨道交通分析

慢行系统分析

公交系统分析

静态交通分析

结构分析　　功能分析　　道路分析　　地下一层分析　　地下二层分析　　地下三层分析

南立面图

西立面图

2018年
设
计
作
品
集
城乡规划专业京津冀高校「X+1」联合毕业

## 土地利用分析

## 开发强度分析

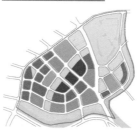

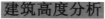

图例
- FAR<1.0
- 1.0—3.0
- 3.0—4.0
- 4.0—5.0
- 5.0—6.0
- 6.0—7.0

## 建筑高度分析

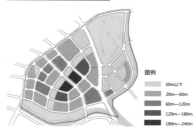

图例
- 20m以下
- 20m—60m
- 60m—120m
- 120m—180m
- 180m—240m

## 核心区道路断面设计

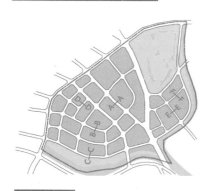

### B—B道路断面

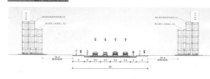

次要道路双向4车道，车行道20米，两侧布置4米人行道，路幅宽度28米，建筑后退红线10米。建筑顶部建议缩进4-8米，裙房建议高度控制25米

### C—C道路断面

支路双向4车道，车行道18米，两侧布置2米人行道，路幅宽度22米，建筑后退红线10米，建筑顶部建议缩进4-8米，裙房建议高度控制25米

### D—D道路断面

### A—A道路断面

主要道路横穿核心区，双向6车道，道路两侧主要为商业建筑，中央分隔带为2米，双向各15米车行道，两侧布置4米人行道，路幅宽度36米。建筑后退12米。建筑顶部建议缩进4-8米，裙房建议高度控制25米

### E—E道路断面

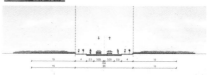

道路兼具交通与景观功能，道路两侧设置15米景观绿化带，双向2车道，车行道12米，两侧布置4米人行道，路幅宽度20米。

### F—F道路断面

道路两侧主要布置底层商铺，以满足人行交通为主，创造良好的步行环境。路幅宽度20米，双向车道8米，人行道6米，建筑后退红线8米结合建筑可布置座椅，室外餐饮等可供人行休憩的场所，建筑建议控制高度15米

支路双向4车道，车行道20米，两侧布置3米人行道，路幅宽度26米，建筑后退红线10米，建筑顶部建议缩进4-8米，裙房建议高度控制25米

## 标识与照明设计

### 标识分类示意图

- 凌空标识
- 屋顶标识
- 墙面标识
- 凸出标识
- 一层以上和女儿墙以下的标识
- 做在雨篷上的标识
- 地面以上、一层以下的标识

### 广场人行道与绿地照明设计

### 城市主要道路照明设计

### 住区内部照明设计

### 河岸与桥梁照明设计

## 街道设施设置意向

消防栓

自行车停车设施

交通标志
停

公共艺术品

公共汽车候车廊

垃圾箱

座椅

邮政信箱

## 商业服务区

**地块概述:**
商业服务区以商业功能为主,居住(公寓)功能为辅。满足基地及周边人群消费、娱乐、休闲、居住等需求。地块建筑形式以商业建筑及居住建筑为主。

**整体分析**

沿路创造连续的建筑界面,形成良好的城市沿街界面。

地块节点空间,主要由建筑围合而成。

重要的商业街,同时也是重要的景观通廊。

在节点空间、商业街出入口、人流集散点要设置相对开敞的空间。

### 建筑形式引导

公寓建筑形式——住宅立面风格以简约现代为主,在满足居住功能的前提下,对建筑立面进行高档化处理

商业建筑形式——以现代风格为主

商业街两侧建筑的层数3——5层,高度在10——24m之间,商业街的宽度在15——24m之间,该地块商业街D/H值在1/2—1之间

该商业街是重要的视线通廊,为保证能地块人群在地块节点活动能看到子牙河及河岸的滨河景观,该街宽度约为24m,D/H应取1/2

## 核心商务区

**板块概述:**
该板块以金融商贸、商业服务、高端信息服务等功能为主,集中发展高密度的金融、商贸等现代服务业

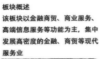

**整体分析**

主要轴线两侧的建筑是展示城市形象的重要载体,体量大,高度高,风格更加现代化

建筑高度整体以双峰为顶点,向两侧逐步降低

地标建筑是基地的制高点

滨河一侧的建筑形式灵活多样

设置一座人行桥梁,加强西站与基地的联系桥梁与轴线的连接处设置节点广场

滨河建筑,建筑形式应灵活多样前排裙房应预留人行通道及视线通廊曲折的建筑会在建筑前创造更丰富的活动空间

地块内滨河一侧建筑,其裙房自沿河一侧起逐步增高,3F、4F、6F。为游人观赏地块内部的建筑立面时提供更舒适的观赏角度

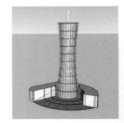

该地块紧邻基地主要轴线,是展示城市形象的重要场所。轴线一侧设置地标建筑。地标建筑形式为裙房+塔楼的形式裙房根据地形围合出一个建筑广场

## 立面图

**南立面**

**西立面**

# 特色文化区

**板块概述:**
该板块蕴含着天津本土的、源头的文化底蕴。保存价值巨大。在保护、提取、创新的基础上,对地块进行改造

## 游览线路分析

地块西侧街巷D/H值较大。一方面为居民提供开敞的活动空间另一方面,为展览建筑提供疏散空间

传统文化街D/H在1——2之间。出入口附近的空间相对开敞,D/H值相对较大

## 院落形式分析

**对原有院落形式的提取**

"L"形  "口"形  "工"形  "T"形

院落形式仍以围合空间为主,形式更为灵活尺度也更大

不规则地块的院落形式同样更为灵活,出现异型院落

## 地块建筑功能分析

文化区设置几个体量相对较大的建筑,其功能可满足居民欣赏曲艺相声、表演等活动的需求

其他的建筑层数为2-3层1、2层以特色创意产业为主,3层以居住为主

# 居住教育区

**板块概述:**
该板块以居住及教育为主。东南部多层住区为保留住区。其西侧的小学为现状保留。西北一侧居住小区为新建住区,生活配套完善。地块西北角的河北工业大学将迁出,为一所中学腾出校园

### 新建住区引导

### 保留住区引导

保留住区缺乏公共服务设施下一步改造过程中,适当加建一部分底商,完善相关配套设施

### 校园建筑风貌引导

# 休闲综合区

**板块概述:**
该板块主要功能以为周边片区提供各类配套服务设施为主。其功能相对综合,兼具商业、商务配套服务、公寓等功能

### 整体分析

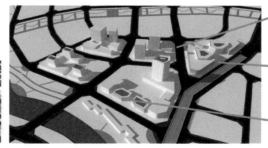

沿路创造连续的建筑界面,形成良好的城市沿街界面

设置入口广场,满足人流集散要求设置地下过街通道,加强与东侧地块的联系

滨河一侧的建筑不宜过于连续,留出人行通道及视线通廊

# 滨河休闲及景观区

**板块概述:**
基地景观资源丰富。在子牙河与北运河沿岸设计优美的滨河景观,适当布置一些滨河休闲商业,创造居民与游人日常休闲活动的场所

### 部分滨河景观意向

### 部分滨河景观剖面

鸟瞰图

# 河北工程大学

# 指导教师感言

作为首次参与京津冀高校"X+1"联合毕业设计的高校，我们很珍惜这次机会。西沽地区作为天津市的发祥地、京杭大运河的重要节点，漕运的百年兴衰、清末的街巷肌理和历史街区，赋予了地区独特的运河文化、市井文化。但现状大量的破败房屋、逼仄的街道、乱建的违章建筑等，使该地区成为了城市的消极空间，活力逐步丧失。地区需要文化复兴、建筑更新、秩序重组重新焕发活力。唤醒人们已逐渐消失的记忆和情怀，为天津市带来新的契机，新的价值。

在近四个月的毕业设计过程中，我设计小组以"情绪感知"为入手点，通过情绪地图指引，在文化、生态、产业、交通四个方面进行更新设计。在此过程中，我们循序渐进，逐步对方案进行完善，最终达到了比较满意的效果。

通过此次活动，充分展示了各校的风采，不同角度的题目解读，不同理念的更新手段，不同方式的概念表达，的的确确让我们看到了规划未来的希望，充满活力。

再次回首，依然记忆深刻。接下来的一年还要总结经验，再接再厉。期待下一次的联合毕设。

韩海娟

作为一名青年教师，有幸参加了此次京津冀城乡规划专业"X+1"联合毕业设计。此次联合毕业设计自初期调研、中期汇报，到终期共开展评，在师生共同努力下完美收官。

回忆数月以来的设计过程，感触良多，收益颇丰。通过此次京津冀城乡规划专业"X+1"联合毕业设计让我们彼此由陌生变为熟悉，让我们在交流中成长蜕变。

感谢主办方天津城建大学和河北工业大学所有同行们的辛苦付出。感谢各位评委老师的认真点评，感谢各兄弟院校的帮助，感谢，感恩。

田芳

又一届毕业生要离校了，每当此刻，倍感欣慰。经过五年的专业培养，九校联合毕业设计是同学们学习成果的全面展示与检验。同学们激情洋溢，每一次的讨论是知识的碰撞，是思想的深化。同学们认真坚持，也感动着老师，老师和同学们在共同成长！

天津西沽地区承载着历史的记忆，有祖祖辈辈生活在这里的老天津人。透过建筑门窗的雕花，透过院落一角悄然开放的草花，透过丝瓜低垂的庭院廊架，深深反映出他们对这块土地饱含感情。

在存量规划的当今，如何让这块土地焕发活力是我们的追求。基于共享理念，同学们进行了以"共享，生活"为主题的"津城与共"设计，创建了一个独具特色的城市片区。

陈华

# 学生感言

程 磊：很荣幸能够作为小组一员参加此次 2018 年城乡规划专业京津冀高校"X+1"联合毕业设计，它代表的不仅仅是一次本科课程作业，更是对五年学习生活的一次检验，这期间的艰辛与收获只有参加过才能深刻理解。所以很感谢三位老师的指导，还有同组的三位小伙伴。不知不觉，我们一起在教室吃了两个月的外卖，欢笑过也争吵过，但汇报结束那一刻的欣喜让所有的不快和劳累都烟消云散。

同时，在规划学会和学校的共同努力下，联合毕设的举办给我们专业提供了一个很好的平台。在这个过程中，九所学校相互学习，交换着各自的想法，发挥自身的优势，弥补自身的不足，共同为规划天津西沽地区献计献策，收获颇丰。

最后希望 2019 年的联合毕设能更进一步，带来更多精彩的设计。

黄绍楠：很开心参加这次京津冀九校联合毕业设计，通过联合毕设让我学到了兄弟院校的很多优点，老师和专家的点评也让我更深刻的了解规划这个行业；这也是我大学五年的最后一个课程设计，除了学习更多的专业知识外，让我知道怎么去与团队合作。在这几个月中，有欢笑，有摩擦，也曾想过做个逃兵，但在小伙伴的努力和坚持之下，我们还是呈献出了满意的结果。大学生活马上就要结束了，这次联合毕设会成为我人生中一份美好的纪念。希望我们可以在设计的道路上一直走下去，都有一个很好的未来，也祝愿京津冀联合毕设可以成为一个品牌，越来越好。毕业快乐！

张媛媛：一个人可以走得很快，但一群人可以走得很远。我非常感谢一路走来的老师同学们。

随着联合毕设的结束，我的大学生活也面临结束，和五年的同学们也面临离别。我很庆幸能够在大学五年的最后一个学期，参与此次 2018 年城乡规划专业京津冀高校"X+1"联合毕业设计。

从最初的拿到题目，收集相关资料，去天津实地调研，之后的方案设计，一步步深化，直到最后的方案确定，制作手工模型，p 图等等。仿佛这一切都发生在昨天。一路走来，有老师们时时刻刻给予的支持与指导，有小伙伴们的不离不弃，即使有分歧，有争吵，但最终还是交出一份比较满意的答卷。这三个多月来，我认识了好多的小伙伴，受到了很多老师们的指导，认识到自己不足的同时，也更加坚定不移地去继续学习城乡规划专业知识。

从此之后，我遇见青山，遇见白雾，独自尝这世间的苦与独，却再也不能与你们重逢了。

阚仁杰：这次 2018 年城乡规划专业京津冀高校"X +1"联合毕业设计，是我本科阶段的圆满收尾。非常感谢能够有这样一个机会与京津冀其他学校紧密联系，相互交流，相互学习，拓宽自己的视野。在各位专家的点评下，我们对于存量语境，城市记忆，城市更新也有了更深刻的认识。在韩海娟老师的带领下，我们几个同学交流合作，共同完成这次毕业设计。这次毕设持续了三个月的时间，是一段难忘的旅程，既有欢乐喜悦，当然也有痛苦与疲惫。我们在争执辩论中缓慢前行，最终完成这次毕业设计。

吴思奇：时光如白驹过隙，转眼间忙碌了半个学期的毕业设计马上就要结束了，在此要特别感谢田芳老师和陈华老师给予的悉心引导，他们使得我对于城市文脉的延续和老城区改造有了更进一步的了解。毕业设计不仅仅是对自己大学五年所学知识的一次检验，是对所学原理内容的一种综合应用，同时也是一次提高自己能力的机会。在毕业设计过程中，我学会了独立思考与团队协作的平衡，提高了专业素养的同时增进了师生间的感情。

再次感谢这次联合毕设为我提供了一次与各个学校的老师、同学们交流的机会，同时也给我的大学生活结束前留下这样一次难忘的经历。

陈天钰：成长，是一个沉淀的过程。

毕业钟声即将敲响，过去三个月难忘而充实的毕业设计就这样结束了。从前期的现场调研、问题分析、思考总结，再到后来的方案推敲、成果绘制，整个过程感受良多、收获颇丰。既提高了对城市规划的认识，又充实了自己的知识储备。

感谢河北工业大学、天津城建大学能够给我们这样一个平台。感谢陈华老师和田芳老师给我们的悉心指导，通过老师的悉心指导，才能够最终圆满完成这次设计。感谢组里的每位成员，从方案开始到最终成果制作所付出的努力。

毕业并不意味着结束，而是一段新的开始。生命是一个长期的过程，不应该是局限于一方土地，我们要去更广阔的天地去感受不一样的人文与自然。希望自己能够在城市规划这条路上越走越好！

曹建斌：联合毕设于我而言是一场艰苦卓绝的旅行，但同时也是一场苦乐参半的修行。四个月，从严寒到酷暑，往返于学校和天津之间，奔走在天津的街头，其中的感慨是几句话说不清的。设计没有对错之分，也没有完美的设计，但各校同学的多元思维碰撞与交流，大家都为同一个目标而努力的感觉真的很棒。衷心希望西沽片区能延续记忆，同人们的回忆一起再生，成为天津地区的城市特色名片。也希望联合毕设能越办越好，为京津冀各高校同学提供一个交流学习的平台。

谢　莉：用九校联合毕业设计来结束大学五年的本科生活是幸运的，这让我反思城市规划到底能做些什么，该做些什么。本次课题让我很深刻地了解到，一座城市的灵魂在于居住在其中的人与他们的生活，只有通过延续特色的城市氛围、肌理、街道尺度，关注本质真实的当地生活，才能让一座城市的文脉不加掩饰地自然流露，才能让城市的文脉一直延续下去。对于自己的提升就是，懂得了怎样完成多人合作的设计，如何通过汇报来完整呈现自己的方案亮点，如何运用严密的逻辑思维来指导方案的整体思路。最后要感谢指导老师和同学一直以来的悉心传教和共同努力。

# 释题与设计构思

## 释题

西沽是天津市的发祥地。作为京杭大运河的重要节点，因漕运而起，借漕运而兴，位于子牙河北运河三岔河口的西沽，是传承着清末到现代的建筑形态、街道肌理和生活状态的历史街区，展示的是与租界文化、老城厢地区相对应的老城外运河文化。但现状表现为地块内拥有大量的破败房屋、逼仄的街道、乱建的违章建筑以及不那么具有活力的市井生活。那么，随着城市化进程加快，城中村因为其特殊性，暂时保留了一批具有历史文化价值的物质及非物质文化遗产，如何平衡"历史保护"和"城市更新"的矛盾？如何在适应新的城市功能定位的同时，体现原有的历史脉络和文化印记？从而实现现代城市发展价值，是我们需要认真思考的问题。基于此，在本次城市设计过程中，我们着重考虑如何让西沽地区的传统文化融入现代市井生活，使之成为天津北部的城市窗口。

首先我们需要考虑的问题便是功能定位。我们需要清楚地块的主要发展方向。在天津的总体规划中，西沽地区是天津市五个城市副中心之一的"天津西站副中心"的重要组成部分，承担着"中心商务区"的功能。但西站副中心的发展不应该再以高强度开发为主，还应该结合周边需求，尊重文化历史，功能混合发展，具有文化特色。

接下来要做的便是平衡城市增量发展与存量更新之间的关系。现状地块中西于庄片区建筑基本拆除，西沽南地区的传统建筑也面临拆除的风险，与现代化的城市发展之间存在差距，增量发展势必存在，但并不意味着地块内所有用地都需要拆除然后重建。这时，存量空间改善便是设计的先期主要任务，通过更新措施改善现有存量空间如建筑、公园、滨水区以及其他城市公共空间的环境品质，为城市增量发展提供基础。

在明确发展方向以及现状环境改善后，便是如何设计城市空间形态。首先借助西沽文化，我们将地块功能划分为"商务，休闲，文创，生态"多功能混合的城市综合体。城市发展不再以商务办公带动，而是自下而上的居民参与式发展，居民在城市发展过程中的需求被视为发展的重要内容。最后我们分别从"社会情绪感知"和"共享理念"两个方向对前期的设计理念进行深入，最终完成了"趣城更新计划"和"津城与共"两套方案。

## 设计构思

### 方案一：趣城计划——基于社会情绪感知下的天津西沽地区城市设计

**设计者：程 磊 黄绍楠 阚仁杰 张媛媛**

**指导老师：韩海娟**

古有西沽，自运河开行以来，便成为商业文化的聚集之地，繁华之景，记忆犹新。

历尽辉煌，但自清末以来，漕运中断，运河功能也随之颓废，城市发展经历近代民族工业阶段后，失去了动力。尤在新中国成立后，城市发展兴起，而缺乏发展动力的西沽地区无声无息，面向繁华，却只能望河兴叹。

现如今，天津西站的投入使用，是政府为促进红桥地区发展做的一项重大工程，希望借助人流引入带动区域发展，甚至定位为城市副中心，可见对其重视。但历经数十年的发展，现在的西沽仍然破败不堪，缺少活力。文化价值得不到体现，城市空间急需更新。

所以我们在设计之初，希望更加真实地感知红桥居民的情绪，试图寻找到可以引领片区发展的突破点，通过"趣城"更新，来恢复城市记忆。由此我们通过梳理文脉，打通脉络，修复景观，改善城市面貌，完成第一方案初步。第二步，发掘城市积极情绪，得到片区情绪引领点，依据其人流特征，增加城市功能，引入创意产业，改造市井空间，打造两条具有影响力的城市情绪带。第三步，为适应时代发展，发展智慧产业，智慧交通，智慧文化，打造多元共享的城市片区，提高城市运行效率。

最终我们打造了一轴三带五心的城市主体结构，希望通过城市发展带动，运河文化引领，居民情绪感知来提升整体片区价值，以点带面，突破现状阻力，重现西沽风采。

2018年 城乡规划专业京津冀高校"X+1"联合毕业设计作品集

**方案二：津城与共——基于共享理念下的天津西沽地区城市设计**
**设计者：吴思奇、曹建斌、陈天钰、谢莉**
**指导老师：陈华、田芳**

西沽是天津市的发祥地，该地区因漕运而起，借漕运而兴，具有不可多得的历史感和更多的原真性，是天津城市传统生活状态和传统文化的唯一遗存。

本次规划以天津市西沽地区为研究对象，对具有传统特色风貌的城中村片区的历史保护和城市更新需求之间的关系进行探索。在五大发展理念的背景下，基于共享理念，进行了以"共享·生活"为主题的"津城与共"规划，并注入了"绿色交通"以及"一刻钟生活圈"的规划理念。

基于共建生态、共话生活、共营文化、共享交通、共创产业理念，整个地块规划了三条城市生态廊以及多条楔形绿地渗透，形成了商务休闲轴以及文化体验轴，构建了城市友好型的慢行交通。保留了西沽南最具代表性的历史街区——盐店街，以及三官庙、大公所、药王庙等历史建筑物，保护了其城市肌理、空间尺度，突出了历史街区建筑的多样性，延续了运河文脉，挖掘了天津城市发源地的历史文化，并将整个西沽地区分为商务、居住、文化传统风貌和西站服务五大片区。

在京津冀协同发展的背景下，有望将整个西沽地区打造成独具城市发展机遇的活力新区。

河 北 工 程 大 学

# 趣 城计划——基于社会情绪感知下的天津西沽地区城市设计

## 区位分析

### 放眼京津冀 规划北背景研究

从全球范围来看，即将由高效便捷的高铁网络联系起来的京津冀地区无疑是当今最为引人瞩目的世界级城市群。京津冀区位关键，资源优势明显，聚集了约1.1亿人口，发展潜力巨大。

天津西站作为京沪高铁上重要的节点，在"协同发展"的大背景下，正迎来发展的良好契机，立足城市副中心寻找到适合地区发展的方向。

雄安新区的建立，优化了京津冀城市发展动力，天津作为重要一极，可以为雄安新区的发展提供更多的资源。但在某些方面，新区也作为潜在竞争，影响天津本地发展，天津应尽快找到自身发展不足，解决城市内部问题，从而做到"协同发展"。

京津冀协同发展背景下
天津的城市功能定位

全国先进制造研发基地
金融创新运用示范区
北方国际航运核心区
改革开放先行区

## 上位规划

《天津市城市总体规划》（2015-2030）

天津中心城区"一主五副"中心结构

中心城区：功能提升，宜居典范。中心城区是天津历史发源地，规划在小白楼一文化中心城市主中心、西站、天钢柳林两个城市副中心基础上，增加北部地区、侯台、津滨副中心，实现南北均衡发展，形成"一主五副"中心城区结构。

将西站城市副中心划分为6个功能板块，着重打造：

以西站枢纽商业区和水游城为重点的商务商业引领区
以西站核心商务区为重点的国际会展示范区
以卓朗科技园为核心的科技服务示范区
以泰达综合大厦为核心的央企总部集聚区
以陆家嘴金融广场为核心的新金融集聚区
以西沽、意库和台湾名品城为重点的文化创意先行区

在2011年的提升规划中，增加了住宅用地比例，减少了商业用地的比例，平衡了区域发展中的资金问题。并注入了人文历史等要素，注重环境保护和利用等问题。在一定程度上打破了大空间大轴线的规划手法。

## 基地概况及命题剖析

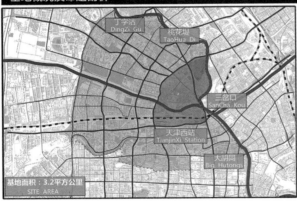

现状道路交通　现状建筑质量

一类建筑
二类建筑
三类建筑
已拆除

一类建筑
二类建筑
三类建筑
已拆除

基地面积：3.2平方公里
SITE AREA

丁字沽 DingZi Gu
桃花堤 TaoHua Di
三岔口 SanCha Kou
天津西站 TianjinXi Station
大胡同 Big Hutongs

本次设计的基地选址位于天津市红桥区天津西站附近，设计范围3.2 km²，常住人口约为4万人，基地内有北运河/子牙河贯穿而过，京沪铁路也从地块南部通过。地块内部有西沽南，西于庄等具有历史意义的老城区，但现状保护不足，其中西于庄现状基本被拆除，西沽南地区由于修缮不及时，也面临着被拆除的危险。交通方面，地块内有河北大街，为城市主干路，但其阻隔了道路东西两侧之间的联系，影响了城市片区的整体发展。另外运河作为城市历史承载体并没有得到合理利用。

### 命题一：记忆延续
天津从西沽走来，而西沽记忆应该如何延续以适应现代发展。

### 命题二：存量更新
建筑空间存量/历史文化存量如何完成转型，功能满足大众生活要求。

### 命题三：价值体现
记忆延续和存量更新如何相互结合来增加价值，从而可以带动整个西站片区的发展。

西沽地区作为天津的摇篮，具有很多值得保留的城市记忆，在设计中如何保护现存的历史建筑，并且将市民的记忆融入进现代快节奏的生活，是此次设计针对记忆延续需要重点考虑的部分。

城市发展已经过了大拆大建的阶段，存量发展成为当今城市更新的主要手段，寻找设计地块内可以进行更新的城市空间，并赋予其合适的功能，是此次设计的另外一个重点。

我们需要去正视西站片区现在存在的问题，不能急于通过引入城市大拆大建来改善西站片区发展缓慢的问题，我们应该从片区本身的历史存量和现代城市发展遗留存量入手，相互结合，把区域特色和城市发展结合起来，从而产生价值，形成良好互动。

## 研究逻辑框架

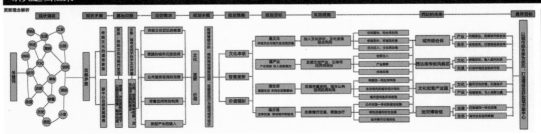

# 文脉印记

左侧时间轴标注:
千里堤 — 天津酿酒厂
平津战役纪念馆 — 北洋大学堂
直隶省内河行轮董事局旧址 — 大红桥
窑洼炮台遗址 — 大悲禅院
三条石 — 三岔河口
天后宫 — 原瑞蚨祥绸布店
福聚兴机器厂旧址 — 百年西站
外贸地毯厂旧址 — 吕祖堂
清真大寺 — 红灯照黄莲圣母停船厂
天津官立中学堂 — 水西庄遗址
铃铛阁中学 — 古文化街
杨庄子 — 鼓楼

| 名称 | 时间 | 备注 |
|---|---|---|
| 三岔口 | 金 | 津卫摇篮(被列入世界文化遗产名录部分) |
| 千里堤 | 元 | 大运河的开端(被列入世界文化遗产名录部分) |
| 杨庄子横堤 | 隋 | 大运河的末端(被列入世界文化遗产名录部分) |
| 外贸地毯厂旧址 | 1957年 | 市级重点保护工业遗产 |
| 天津酿酒厂旧址 | 1952年 | 市级重点保护工业遗产 |
| 福聚兴机器厂旧址 | 民国 | 市级重点保护工业遗产 |
| 北洋大学堂旧址 | 1902年 | 中国近代历史上第一所大学 |
| 天津官立中学堂遗址 | 1933年 | 中国近代历史上第一所中学 |
| 铃铛阁中学 | 1901年 | 天津开办最早的公立学校 |
| 直隶省内河行轮董事局旧址 | 1914年 | 市级历史保护单位 |
| 大红桥 | 1937年 | 市级历史保护单位 |
| 窑洼炮台遗址 | 明 | 区级历史保护单位 |
| 大悲禅院 | 清 | 市级历史保护单位 |
| 原瑞蚨祥绸布店 | 民国 | 市级历史保护单位 |
| 古文化街 | 元 | 津门十景之一 |
| 天后宫 | 1326年 | 市级历史保护单位 |
| 鼓楼 | 明 | 已拆 |
| 民族文化宫 | 1956年 | 中国第一座民族文化宫 |
| 清真大寺 | 1664年 | 市级历史保护单位 |
| 清真南大寺 | 1822年 | |
| 三条石-近代民族工业发祥地 | 1860年 | 市级历史保护单位 |
| 义和团吕祖堂坛口遗址 | 1433年 | 市级历史保护单位 |
| 红灯照黄莲圣母停船场 | 1900年 | 市级历史保护单位 |
| 平津战役纪念馆 | 1997年 | 市级历史保护单位 |
| 百年老站—天津西站 | 1909年 | 已拆 |
| 天津烈士陵园 | 1955年 | 已拆 |
| 水西庄遗址 | 清 | 清代三大私家园林之一 |

**优势:**
<1>历史文化遗产丰厚,京杭大运河列入世界文化遗产名录。
<2>已形成许多著名旅游景点,影响力日益增加。
<3>部分改造成创意园或者博物馆,重新焕发了活力。

**劣势:**
<1>少部分现存遗址建筑质量较差,保护力度不够。
<2>部分遗址历史价值流失或开发过度。
<3>文化空间缺失,缺少文化氛围和认同感。

## 重点三阶段总结

### 明清漕运文化

京杭大运河的开凿兴起了漕运文化,天津由此开始发展,西沽作为天津城北的重要码头,商业开始兴起,成为了天津市商业发展的重要节点,有天津从红桥走来之说,漕运文化可以说是红桥的辉煌记忆。

### 近代工业文化

随着西方列强的进入,天津作为最早的开放城市,受到了资本主义的影响,一些民族资本主义实业家也开始了实业救国的路线,开办工厂,近代工业也由此开始发展,西沽也出现了一批近代工业。

### 现代市井文化

建国后,随着经济发展,市民生活成为文化重要的载体,人们乐于感受生活体验文化,市井文化成为社会主流文化,喝一杯茶听一场相声成为天津市民生活中的常态。这也是我们现阶段需要关注的。

# 困境与优势

## 道路拥堵地段集中,铁路和河流的强行阻隔

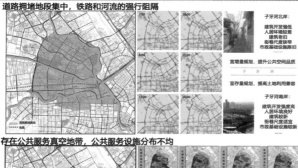

子牙河北岸:
建筑开发强度低
人居环境较差
建筑老旧
街巷尺度狭窄
市政基础设施老旧

宜增量规划,提升公共空间品质
宜存量规划,提高土地利用兼容

子牙河南岸:
建筑开发强度高
人居环境良好
建筑较新
街巷尺度适宜
市政基础设施较新

## 存在公共服务真空地带,公共服务设施分布不均

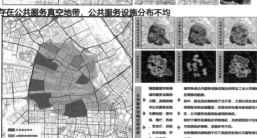

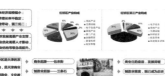
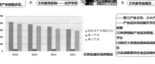

## 产业结构单一,大量待转型的产业空间

## 景观资源优势

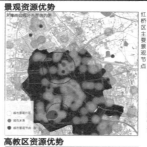

在市域范围内来看,红桥区的景观资源在中心城区北部具有优势,受运河影响发展了一定规模的公园。

红桥区拥有先天的景观资源优势,子牙河北运河交汇于此,滨河空间丰富,现已建成的子牙河堤岸公园就毗邻在西于庄西侧,还拥有西沽公园这一承载红桥居民情感的市级公园绿地。后期景观改造将具有发展优势。

## 高教区资源优势

河北工业大学的前身是创办于1903年的北洋工学堂,是中国最早的培养工业人才的高等学校,创办了中国最早的高校校办工厂,目前在校学生12197人。

高校活力是城市活力的一个集中表现,可以成为区域内城市消费和智慧的集中地。红桥区拥有市区范围内为数不多的高校资源。

## 社区 景观 文化提升改善政策

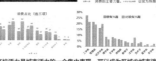

《天津市城市总体规划》(2015-2030)

# APPERCEIVE

# POSITIVE

### NEGATIVE

## RESIDENT

# EMOTION

感知红桥：
数据发展下的
"趣城"更新计划

## 天津从这里发展，所以更应该记住

未来的我们，会是一名城市规划师，城市设计师，更是生活在城市中的一名普通居民。从上学到工作，从学生到职员，从独身一人到有自己的家庭，我们会对周围的社会生活有不同的感知。这些感受构成了我们的社会生活情绪，影响并带动着整个片区的发展。

这次我们试图通过实地调研和网络微博的社会评论，来感知红桥片区的社会情绪。这次选用的微博的分析，其使用人群年龄结构偏低，相较于其他人群有着更高的社会感知和评论能力。所以我们决定以这样的人群作为参与者，来发起自下而上的"趣城"更新计划，共同创造这个片区的积极情绪引导线，营造一个有趣味的智慧城市环境。

西于庄

西沽公园　天津西站

河北工业大学

## 高频词汇下的城市活动

桃花　健身　离别　足球　改造　停车　饭店　创业

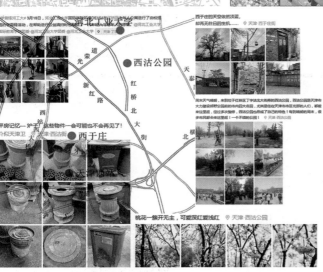
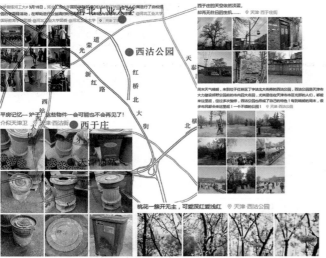

## 由居民情绪引导的社会生活

第一步，我们试图通过微博内容来收集当地社会评论，在这些评论中区分积极和消极情绪点。

第二步，我们结合前期的现状分析，融合微博故事，在地图上绘制了情绪分布点，初步指认了片区的情绪特点，整理了初步的社会需求。

第三步，我们决定去发挥积极情绪的扩散作用，另外通过空间更新解决消极问题，打造一个完整的趣味性城市生活。

最后，便是全方位的信息共享交流平台，从政府到开发商到设计院到社区居民都可以同步参与城市改造，效率提高的同时，更加关注公众感受。

政府导向城市更新

三代人的记忆延续

公众参与推动城市发展

# 策略篇—趣享文化 趣创产业 趣游生态 趣行交通

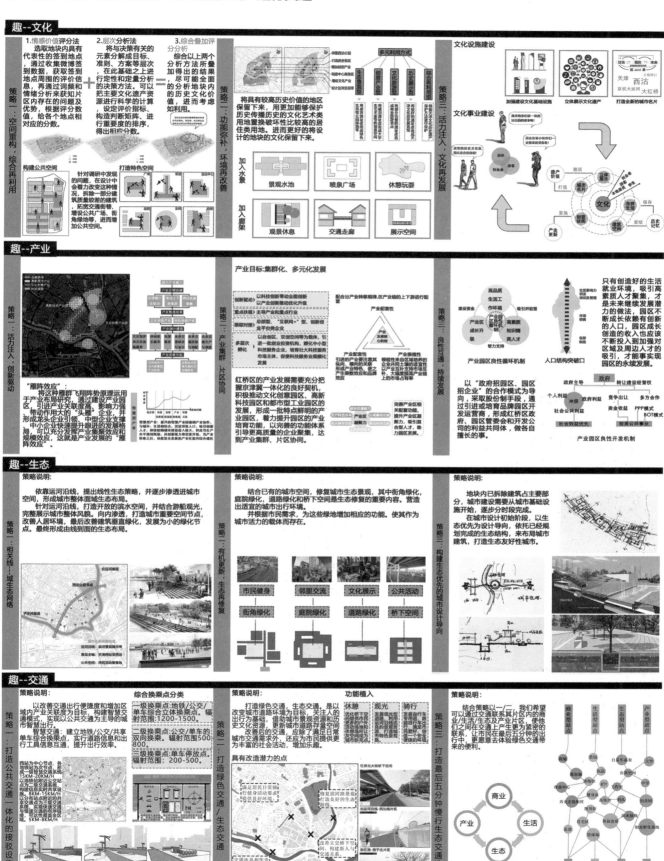

河北工程大学

175

## 土地利用规划图

### 土地利用平衡表

| | 用地代码 | | 用地性质 | 用地面积 | 占城市建设用地的比例 |
|---|---|---|---|---|---|
| 城市建设用地 | R | R2 | 二类居住用地 | 34.53 | 11.38% |
| | A | A2 | 文化设施用地 | 5.01 | 1.65% |
| | | A3 | 教育科研用地 | 13.71 | 4.52% |
| | | A4 | 体育设施用地 | 1.71 | 0.56% |
| | | A5 | 医疗卫生用地 | 0.76 | 0.25% |
| | | A9 | 宗教设施用地 | 0.10 | 0.03% |
| | B | B1 | 商业用地 | 15.43 | 5.09% |
| | | B2 | 商务用地 | 48.57 | 16.01% |
| | | B3 | 娱乐康体用地 | 2.75 | 0.91% |
| | S | S1 | 城市道路用地 | 57.13 | 18.84% |
| | | S3 | 交通枢纽用地 | 45.15 | 14.89% |
| | | S4 | 交通场站用地 | 8.66 | 2.86% |
| | G | G1 | 公园绿地 | 48.28 | 15.91% |
| | | G2 | 防护绿地 | 13.89 | 4.58% |
| | | G3 | 广场绿地 | 7.62 | 2.51% |
| 非城市建设用地 | E | E1 | 水域 | 10.70 | ——— |

二类居住用地　　宗教设施用地
商业用地　　城市道路用地
商务用地　　交通枢纽用地
娱乐康体用地　　交通场站用地
文化设施用地　　公园绿地
教育科研用地　　防护绿地
医疗卫生用地　　广场绿地
水域

## 土地利用规划图

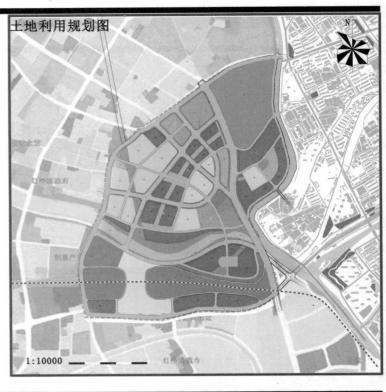

1:10000

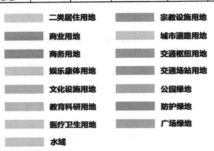

## 功能结构规划图

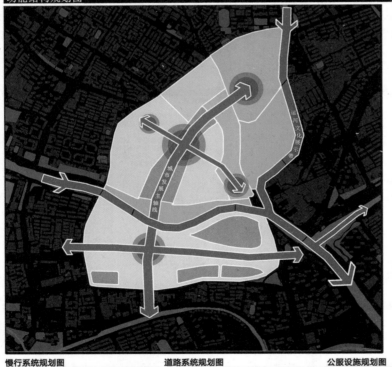

**设计说明：一轴三带五心**

古有西沽，自运河开行以来，便成为商业，文化的聚集之地，繁华之精，记忆犹新。

历经辉煌，但自清末以来，漕运中断，运河功能也随之颓废，城市发展经历近代民族工业阶段时，失去了动力。尤在新中国成立后，城市发展兴起，而缺乏发展动力的西沽地区无处起色，面向繁华，却只能望河兴叹。

现如今，天津西站的投入使用，是政府为促进红桥地区发展做的一项重大工程，希望借助人流引入来带动区域发展甚至定位为城市副中心，可见对其重视。但历经数十年的发展，现在的西沽仍然破败不堪，缺少活力。文化价值得不到提升，城市空间急需更新。

所以我们在设计之初，希望更加贴切地感知红桥居民的情绪，试图寻找到可以引领片区发展的突破点，来恢复城市记忆。

由此，我们通过梳理文脉，打通脉络，修复景观，改善城市面貌，完成第一步城市设计。

第二步，发掘城市积极情绪，得到片区情绪引领点，故依据其流动特征，增加城市功能，引入创意产业，改造市井空间，打造两条具有影响力的城市情绪带。

第三步，为适应时代发展，发展智慧产业，智慧交通，智慧文化，使得整个片区处于信息共享的大环境，提高解决问题效率。

最终我们打造了一轴三带五心的城市主体结构，希望通过城市发展带动，运河文化引领，来提升整体片区的价值，解决当前发展缓慢、动力不足的现状，重新展现运红桥风采。

### 慢行系统规划图　　道路系统规划图　　公服设施规划图　　生态系统规划图

   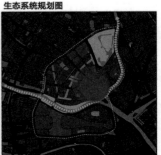

**总平面图**

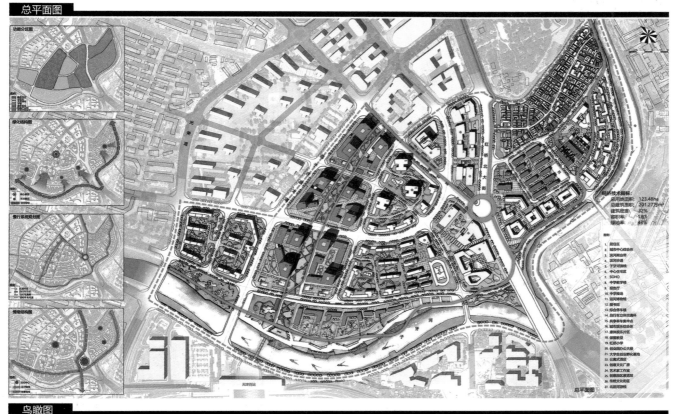

总平面图

**鸟瞰图**

河 北 工 程 大 学

177

# 重点地段城市设计

## 中心商务片区节点平面图

2018年 城乡规划专业京津冀高校「X+1」联合毕业设计作品集

178

设计说明：

城市中心地块作为天津市红桥区的主要商务区，现状建筑大部分已经拆毁，缺乏活力，但可塑性极强。为了更好的连接天津西站和西沽公园，在城市中区做了一条集水池、广场和绿地的生态轴线，生态轴线采用现代几何切割手法，实现了与西沽南片区历史到现代的过渡；运河沿岸同样设置了滨水商业街，滨水绿地为西站旅客营造了休息空间，本片区致力于打造集休闲、娱乐、生态为一体的副中心城市综合体。

| 现状问题 | 策略应用 | 设计改造 |
|---|---|---|
| 产业结构单一 | 良性循环永续发展 | 提高产业的空间环境，打造舒适的办公环境，吸引人才 |
| 生态环境较差 | 滨水空间塑造 | 充分利用子牙河的滨水景观资源，景观渗透，景观联系 |

功能结构分析图

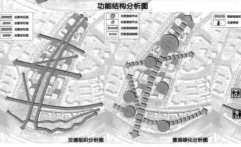

交通组织分析图　　　景观绿化分析图　　　情感流线分析图

公共空间的营造

原有传统建筑肌理

提取老天津民居合院肌理，打造现代庭院商业空间

错开的入口空间，增加了空间的流动性

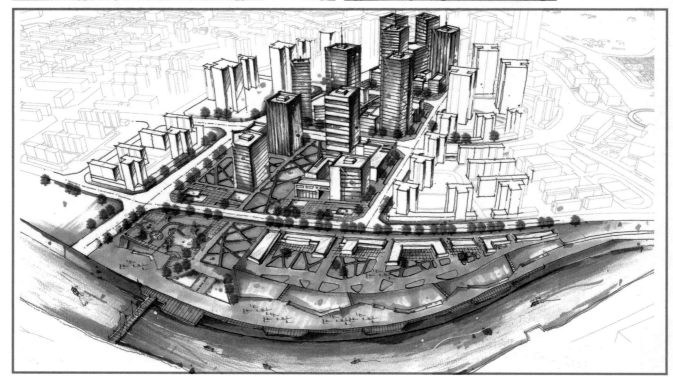

# 重点地段城市设计

## 传统文化街区节点平面图

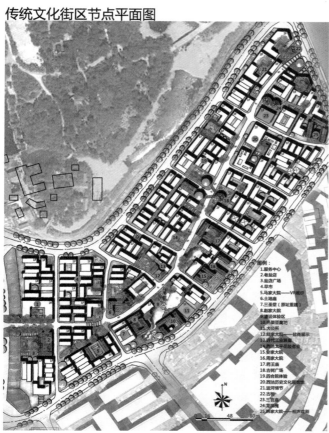

图例：
1. 服务中心
2. 考盐店
3. 盐店广场
4. 早市
5. 马家大院——VR展示
6. 土地庙
7. 三圣堂（原址重建）
8. 赵家大院
9. 漕道体验区
10. 光绪豆腐坊
11. 光公所
12. 郑家大院——拉商展示
13. 近代工业展区
14. 西沽太平花鼓老会
15. 安家大院
16. 周家大院
17. 药王庙
18. 古槐广场
19. 四合院体验
20. 西沽历史文化展览集
21. 运河情节
22. 古树
23. 运河
24. 戏河园
25. 郑家大院——相声戏院

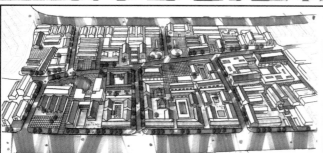

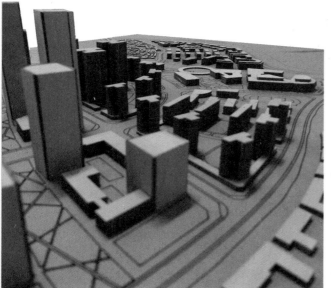

设计说明：

　　西沽南地块作为天津本土文化和京杭大运河历史印记最重要的也是仅存的一部分，有着独特的街道肌理、丰富的传统文化、明清时的四合院，但基地内建筑质量较差，私搭烂建严重。

　　以趣城设计为主题，结合文化、产业、生态、交通策略，将地区化分为现代服务区、近现代体验区、古代展示区三个片区，用道路保留建筑引出十四个主题，运用现代化的手段和传统展示方式全方位立体的展示天津西沽悠久文化的"沽往津来"。

| 现状问题 | 策略应用 | 设计改造 |
|---|---|---|
| 历史建筑破败 | 文化价值保护 | 修缮维护建筑，增加文功能，制造新的活力点 |
| 对外交通闭塞 | 慢行交通系统 | 保留原有的街巷肌理，倡导自行车出行，打造慢行街区 |

交通组织分析图　　景观绿化分析图　　情感流线分析图

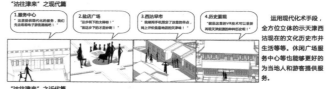

### "沽往津来"之现代篇

运用现代化术手段，全方位立体的示天津西沽现在的文化历史市并生活等等。休闲广场服务中心等也能够更好的为当地人和游客提供服务。

1. 服务中心
2. 盐店广场
3. 西沽早市
4. 历史重现

### "沽往津来"之近代篇

修缮历史价值较高的土地庙，三圣堂，药王庙等近代建筑，并举办工业展览，太平花鼓老会等活动。让更多人了解天津近代工业商业的发展历程。

5. 土地庙
6. 三圣堂
7. 近代工业展厅
8. 漕运文化体验
9. 西沽太平花鼓老会

### "沽往津来"之古代篇

运用历史展览展示，当地人口述讲解，明清四合院体验，相声话本演出等相结合来综合的展示西沽明清以及古代的种种历史。

10. 古树广场
11. 四合院体验
12. 历史展览馆
13. 运河情节
14. 戏说明清

手工模型

## 区位分析

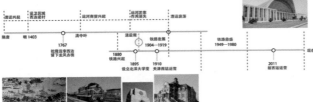

### 区域——天津

相比于北京通州副中心、天津滨海新区等区域热点地带，天津西站副中心在如今"处处热点"的京津冀陷入迷失。西站副中心有望成为独具特色的城市发展机遇地带。在"京津冀"协同发展的思想指导下，本地区的发展方式正经历着"区域协同"的深刻变革。

### 中心城区

天津中心城区，承启着"一轴双城"城市总体结构，放眼京津冀格局，寻求地区发展的战略定位和方向。中心城区"两副一主"中心结构。"一主"为：小白楼地区城市主中心。"两副"为：西站副中心、天钢柳林地区城市副中心。

### 历史沿革

### 深化研究范围

**SITE 1**
西站枢纽区成为区域的展示窗口？
西站与西沽公园的关系如何呼应？

**SITE 2**
在衰败的传统街区中采取何种复兴方式？
濒临消失的本土特色风貌如何保护和传承？

**SITE 3**
城市及区域中废弃地的潜力及其未来？
如何成为西站及西沽南耦合联系的纽带？

## 课题背景

**西 沽** 是天津市的发祥地。作为京杭大运河的重要节点，因漕运而起，借漕运而兴，又地处子牙河北运河三岔河口的西沽，既传承有序又比较完整地保存着清末到现代建筑形态、街道肌理和生活状态历史街区，展示的是与租界地区、老城厢地区相对应的老城外运河文化，同时一九四九后的历史又给其烙上一些时代印记，使之历史层次感更加分明、厚重。

相对于历次"创造性"修葺的租界地区、"开发性"重建的老城厢地区，其更具有不可多得的历史感和更多的原真性，是天津城市传统生活状态和传统文化的唯一遗存，具有不可替代性。西沽现存众多历史保护建筑，同时又拥有大量的破败的房屋、逼仄的街道、四处乱搭乱建的违章，以及各种条件缺失的公共设施。

### 问题导向结合需求导向

天津红桥区作为天津历史积淀最深厚的老城区，长期面临保护与发展的两难困境，历史发展的遗留问题诸多，引发的社会问题反响强烈，片区内矛盾重重。如何解决现有矛盾，使西沽地区在保留历史文脉的同时激发新的地区活力是规划研究的重点。同时结合上位规划与区域层面的发展需求分析，深入发掘西沽地区的文化价值，结合需求导向解决现状问题，以探索城市有机更新的发展策略。

## 研究思路

### STEP1 题意解读

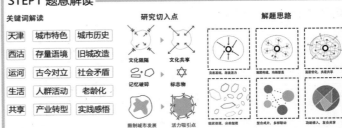

### STEP2 理念提出

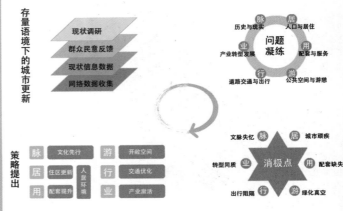

### STEP3 思路归纳

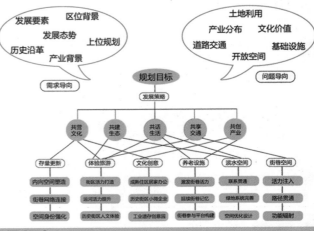

## 理念提出

在五大发展理念的背景下，加快构筑具有中国特色的共享城市，成为我国全面贯彻落实共享发展理念的重要突破口和战略选择。

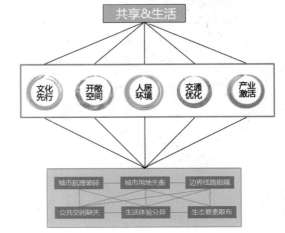

# 规划策略

策略1 **有机更新**

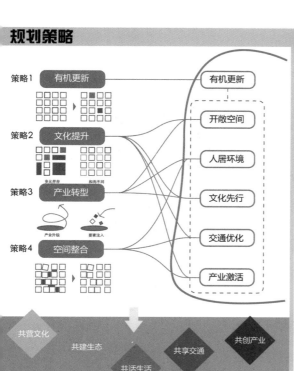

策略2 **文化提升**

策略3 **产业转型**

策略4 **空间整合**

有机更新

开敞空间

人居环境

文化先行

交通优化

产业激活

共营文化 共建生态 共享交通 共创产业

共话生活

## 保留原有的街巷肌理

肌理     梳理     整合

梳理原有街巷肌理，剔除违章建筑和质量差的建筑

整合原有的街巷开敞空间，构成连续、尺度宜人的街巷空间

# SWOT分析

| **Strengths 优势** | **Weaknesses劣势** |
|---|---|
| 1.文化优势：基地文化底蕴深厚，历史建筑丰富 2.区位优势：位于天津一主两副的西站副中心 3.交通优势：基地紧邻天津西站 | 1.封闭性：由于子牙河与北运河的阻隔，使基地与市其他各区联系缺失 2.基地建筑质量较差，基础设施不完善 |

**SWOT**

| **Opportunity机遇** | **THreaten挑战** |
|---|---|
| 1.利用基地的宝贵历史底蕴资源，用地性质的置换带来活力 2.天津西站为基地的建设带来更便捷的交通条件 | 1.西沽南文化的历史记忆、历史建筑保护与城市更新的协调 2.西站如何形成凝聚力 |

# 现状评估

## 用地评价

## 功能行为分布

## 特征人群

天津市层面

| 序号 | 城市名称 | 65岁及以上人口比例 |
|---|---|---|
| 1 | 重庆 | 11.56 |
| 2 | 沈阳 | 10.37 |
| 3 | 上海 | 10.12 |
| 4 | 成都 | 9.71 |
| 5 | 天津 | 9.61 |
| 6 | 济南 | 9.15 |
| 7 | 长沙 | 9.03 |
| 8 | 杭州 | 9.02 |
| 9 | 南宁 | 8.90 |
| 10 | 兰州 | 8.77 |

天津市的人口老龄化呈现出程度深、速度快，且高龄化趋势显著的特征。据《天津市2010年第六次人口普查主要数据公报》显示，天津市65岁及以上老年人口占比9.61%。

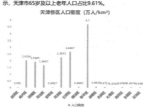

红桥区2015年底总人口为56万人，人口密度为2.6667万人/km²，居全市二位，红桥区的老年人口为8.39万人，占全区总人口14.94%，高出全市水平5.33%，是天津市老龄化程度最高的行政区。

## 人群活动特征

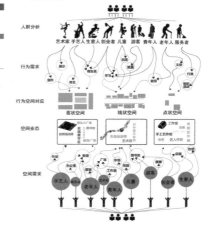

西沽公园

## 西沽印象
## City Impression

西沽大街

西沽猪肉门市

光芒副食店

屋檐门头

光荣豆腐房

街巷绿植

## 有机更新

### 物质空间问题梳理

**自行车行驶空间**

- 严重缺少自行车停车位，自行车乱停占用人行空间，街道自行车停车位有待优化

**城市节点空间**

- 交叉路口与城市节点之间的关系在空间组织中未受重视

**小型开放节点空间**

- 空间较为消极，被停车占用太多
- 功能单一，退界空间与临街建筑围墙边界空间利用较少

**建筑围合空间**

- 立面形式各异，部分历史建筑破败，影响整体风貌

**步行空间**

- 私人占用公共空间现象较为严重，入口空间识别性差
- 人行道过于狭窄，且连续性不足，街道设施水平有待提升

**绿地空间**

- 大型公园边界与城市街道呼应不足
- 垂直绿化，沿围墙绿化较少

## 共营文化

### 现状解读

细部文化遗存保护建筑

重点遗存文化保护建筑

最观文化保护

公共服务保护

商业文化保护

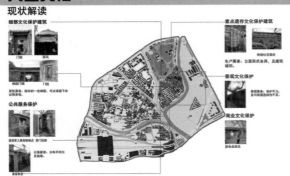

### 西沽历史文化遗迹

### 西沽非物质文化遗迹

文化空间　文化工业空间　文化生态空间　文化事业空间

**传统美术**
一体多层镂空艺术木雕
天津磁州窑画缸
玉雕（津派玉雕）

**传统医药**
中医正骨疗法（舒筋夏骨传统疗法）
传统盅灸生饮
轻粉膏引导生功
宏仁堂紫葵散传统制作技艺
益德成闻药制作技艺

**传统技艺**
天津糖球子制作技艺（津老味煎饼）
膏药糊裱制作技艺（妙众堂黑豆膏）
至美斋酱牛肉制作技艺

**传统体育、游艺与杂技**
回旗重力武术
功力门武术

**传统舞蹈**
回族武高跷（天安寺同乐高跷）

**漕运河文化**
盐文化、闸坝文化
商业文化、公寓文化、现代文化

### 文化资源

### 文化空间不成系统

文化空间斑点
文化工业空间斑点
文化生态空间区域
文化事业空间斑点

### 文化趋同，活力不高

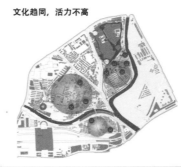

### 规划策略

**现状核心问题**

1. 文化资源丰富，但利用不足
2. 文化展示力欠缺，文化展示场所缺乏
3. 文化逐渐趋同，文化多样性渐弱
4. 文化活力不高，文化创造力待提升

**共享策略**

1. 文化串联成线，连结成网
2. 增强文化展示力，设置文化展馆
3. 文化多元化发展
4. 提升文化活力，植入文化创意产业园

现状资源，分类整理　整合成片，多样联动　功能植入，复合共享

## 共建生态

### 现状绿地分布情况

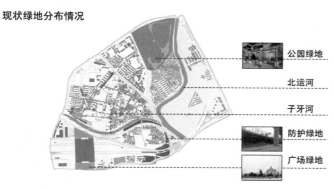

- 公园绿地
- 北运河
- 子牙河
- 防护绿地
- 广场绿地

### 各要素所占比例

各类绿地占地面积统计表

| 类型 | 面积(公顷) | 比例 |
|---|---|---|
| 公园绿地(西沽公园) | 31.77 | 9.81% |
| 防护绿地 | 4.98 | 1.54% |
| 广场绿地 | 5.18 | 1.60% |
| 总计 | 41.93 | 12.95% |

广场绿地 12%
防护绿地 12%
公园绿地(西沽公园) 76%

■ 公园绿地 ■ 防护绿地 ■ 广场绿地 ■ ■

**现状问题**

1.绿地分布不均,结构不合理
2.绿地公园仅是西沽公园,点状绿地不足,整体性差,不成体系
3.河流要素未能充分利用,缺乏滨河开放空间

**共享策略**

1.调整绿地结构,组织绿地系统
2.增加点状公园与绿带,形成绿色网络
3.引入水系,有机串联用地布局

### 水系廊道塑造

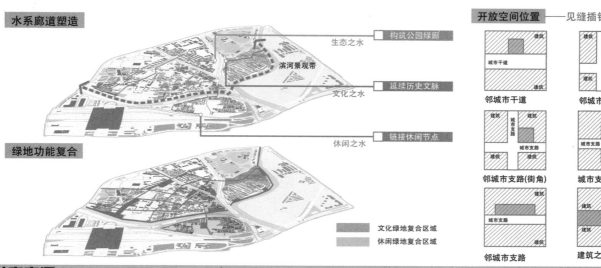

- 生态之水 — 构筑公园绿廊
- 滨河景观带
- 文化之水 — 延续历史文脉
- 休闲之水 — 链接休闲节点

### 绿地功能复合

- 文化绿地复合区域
- 休闲绿地复合区域

### 开放空间位置 —— 见缝插针,细脉延伸

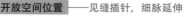

邻城市干道 | 邻城市干道(街角)

邻城市支路(街角) | 城市支路两侧

邻城市支路 | 建筑之间

## 共享交通

### 交通资源评价——地铁

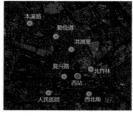

### 交通资源评价——公交

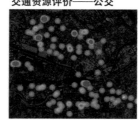

### 慢行交通现状图

- 人行道
- 自行车道
- 公交车道

### 道路现状图

- 快速路
- 主干路
- 次干路
- 支路

### 道路等级分布

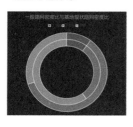

一般路网密度比与现状路网密度比

一般路网密度比与现状路网密
路网密度低,路网体系不全
交通资源有待进一步提高

可以看出,目前地块内地块的快速路、干路、支路数量比例不协调,干路数量较多,之路数量相比有待进一步提高。在下一步的规划过程中,应该重点提高支路的数量。

**现状问题**

1.现状交通不成系统,组织散乱
2.道路等级混乱
3.慢行系统不完善,出行不便

**共享策略**

1.重组道路系统,交通规划疏导
2.交通网络优化
3.提供高密度慢行网及便利的慢性设施

主要慢行路断面

一般慢行路断面

### 公共交通疏导图

### 慢行交通疏导图

### 道路规划图

### 慢行交通规划图

### 综合交通疏导图

河北工程大学

183

## 共话生活

### 现状分析

#### 现状公共服务设施分布

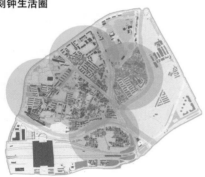

- 医院
- 宗教
- 小学
- 中学
- 养老院

### 公共服务设施服务半径

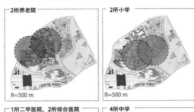

2所养老院
R=500 m

2所小学
R=500 m

1所二甲医院，2所综合医院
R1=500 m
R2=1000 m

4所中学
R=1000 m

#### 公共服务设施用地占地面积统计表

| 用地代码 | 用地性质 | 面积（公顷） | 比例 |
|---|---|---|---|
| A2 | 文化设施用地 | 0.6 | 0.19% |
| A3 | 教育科研用地 | 18.67 | 5.76% |
| A5 | 医疗卫生用地 | 1.07 | 0.33% |
| A6 | 社会福利用地 | 0.32 | 0.10% |
| A9 | 宗教用地 | 0.28 | 0.09% |
| 总 计 | | 20.94 | 6.46% |

#### 各类设施占比

- A2 文化设施用地
- A3 教育科研用地
- A5 医疗卫生用地
- A6 社会福利用地
- A9 宗教用地

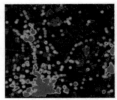

公共设施资源评价图

### 现状问题

1. 公共服务设施用地分配不均，教育用地过多，文化、体育、社会福利用地过少；
2. 部分设施分布不均，如小学、养老设施等，服务半径未能全覆盖，存在服务真空.

### 共享策略

1. 完善公共服务设施体系，共建共享；
2. 一刻钟生活圈规划理念注入.

完善基础，激发活力　　圈层构建，均衡覆盖　　圈居优化，共建共享

### 一刻钟生活圈

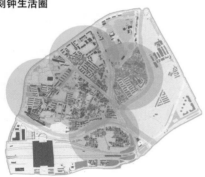

基于现状分析，设计安置居民日常生活所需的公共服务设施

### 设施服务圈构建

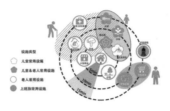

设施类型
- 儿童常用设施
- 儿童及老人常用设施
- 老人常用设施
- 上班族常用设施

老年人日常设施圈：以菜场为核心，与绿地、小型商业、学校及培训机构等设施临近布局。

儿童日常设施圈：以各类学校为核心，与儿童游乐园及培训机构等设施有高度关联。

上班族周末设施圈：以文体、商超等设施形成社区文化、娱乐、购物中心，引导上班族周末回归社区生活

### 设置形式

设施设置形式包括三种：独立占地、综合设置（不独立占地但有独立建筑使用空间）、共享使用（部分建筑使用空间由多个设施共享使用，或单个设施开放给不同人群使用）。

10分钟生活圈

5分钟生活圈

社区内部

独立地块，综合设置

独立建筑，共享使用

底层借用，内部解决

居住区与棚户区过渡生硬，边界明显，缺乏联系

居住区之间间距过小，社区缺乏活力

### 现状问题

1. 现有居住建筑质量较差，居民居住条件较差，居民私搭乱建情况严重；
2. 现有居住区与周边住区边界生硬，缺乏过渡.

### 共享策略

1. 对现有居住建筑进行修补，质量提升；
2. 对现有居住区与周边住区边界进行过渡化处理，增减高度的过渡与绿化隔离.

## 共创产业

### 商业资源分布现状

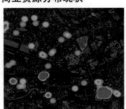

### 现状问题

1. 产业类型单一，大多为零散商业，且分布散乱，规模较小；
2. 产业转型竞争力不足，大量待转型的产业空间.

### 共享策略

1. 明确创意转型定位；
2. 转型空间创意改造；
3. 构建良性开发机制.

### 构建文化产业活力业态

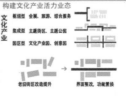

文化产业
- 板链型　会展、旅游、综合服务
- 集成型　主题街区、主题公园
- 园区型　文化产业园、创意园

老旧街区改造提升　界面整改，功能置换

闲置工业遗存　有机串联与改造　功能植入，多元共享

1. 文化创意产业园的植入，发挥城市创客潜力，带动周边发展
2. 现有功能置换，老旧历史街区转型成为商业用地，承接区位优势，发展经济效益
3. 工业遗存的利用与改造

对植入的商业业态进行评估，确定地区产业转型改造意向

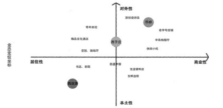

### 创意转型定位

- 文化创意产业
- 工业遗存
- 商业办公

## 总平面图

1 商业办公
2 医院
3 居住区
4 绿地
5 社区商业
6 社区活动中心
7 社区医疗
8 社区服务
9 小学
10 文化创意
11 康疗服务
12 老年社区
13 民俗体验
14 民俗展览馆
15 青年公寓
16 本土文化展示
17 少年宫
18 社区改造
19 图书馆
20 影剧院
21 工业遗存改造
22 共享住宅
23 酒店
24 保留住宅
25 文化商业
26 老年社区

### 主要经济技术指标

规划用地面积：128.77万㎡
总建筑面积：230.49万㎡

容积率：1.79
建筑密度：22.4%
绿地率：20.7%

**概念性规划**

在摒弃大空间大轴线的规划手法之后，采用多层次、多节点、多网络的规划理念，在对现状梳理的情况下进行有机更新。

**开发强度**

西于庄地块整体开发强度较大，承接天津西站与西沽南的过渡关系；西沽南地块在保留现状肌理的前提下有机更新开发强度较低；红桥地块以文创来承接西站，开发强度适中。

**景观系统**

三廊多楔

三条城市生态廊道，多条楔形绿地渗透

**功能分区**

两轴多片

商务休闲轴
文化体验轴
商务，居住，文化传统风貌和西站服务五大片区

## 整体鸟瞰

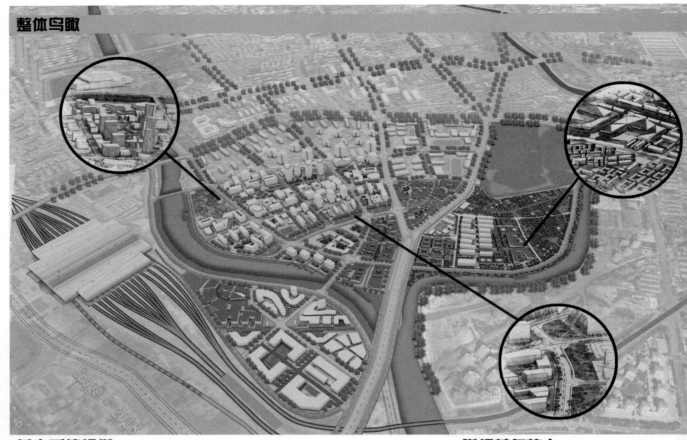

## 养老系统规划

### 养老服务系统

**A.影视服务站**

整合大学生义工资源，设置点站点，服务周边社区老年人

**B.养生度假酒店**

满足候鸟式养老日益增长的需求，提供连锁假日酒店

**C.疗养别院**

为老年人提供全天候看护及医疗等服务

**D.养生休闲公寓**

适老化公寓设计，周边配套养生服务

**1.小巷花园**

于小巷两侧，植入预置混凝土箱子，种植多样花卉，丰富小巷环境

**2.老年公园**

设计有入口广场，舒心亭，风雨长廊，林中方亭，健身广场等适老化微小空间，满足老年人活动需求，丰富老年人户外活动形式

影视服务站

养生度假酒店

影视服务站

养生修养公寓

### 构建完善的社区公服系统

居委会主导、居民自主参与

构建社区活动信息平台

构建社区完善公服系统

关注社区弱势群体

构建社区舒适空间系统

提供多种就业渠道

## 慢行系统规划

| 自行车道 | 承接慢行系统，共享单车，串联慢行游线 | + | 人行步道 | 连接沿线活力空间，丰富社区公共空间 | + | 滨水绿道 | 营造景观小品，联系运河步道 |

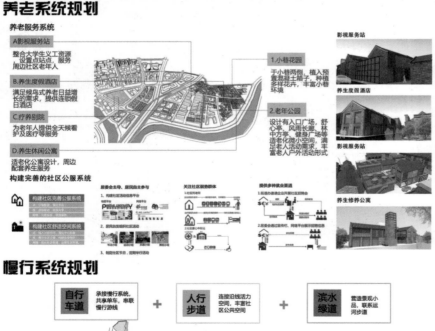

## 详细节点放大

### 西站--西沽公园渠系廊道

渠系廊道位于西沽公园和西站之间，串联起周边的公园、广场、绿地等一系列景观资源，加强了西沽公园和西站广场的空间联系。

### 子牙河运河文化公园

新建的子牙河湿地公园，围绕运河运河广场周边布置展示馆、活动中心和商业，丰富社区生活。

2018年 城乡规划专业京津冀高校『X+1』联合毕业设计作品集

# 吉林建筑大学

# 指导教师感言

吕静

非常感谢吉林建筑大学此次获得邀请参加2018年城乡规划专业京津冀高校"X+1"联合毕业设计。今年联合毕业设计让我收获了诸多惊喜，有机会与8所院校教师共同切磋，互有收获，更重要的是为学生们打开一扇近距离感受其他院校设计教学的精彩之门，也把东北地方院校自身的特色进行集中展示。

相聚时间虽然短暂，但感受丰富，概括起来有三句话：感谢、期盼和责任。

一是感谢。

感谢联合毕业设计的策划和组织单位，为各校搭建了交流平台。三个月的联合设计交流中师生共同锻炼和成长，所有这些都要感谢主办方天津城建大学和河北工业大学师生的辛勤付出！

二是期盼。

中国城市规划学会和天津城市规划学会的鼎力支持，特邀规划大师的精彩点评使得此次联合设计的优势更加凸显，由衷期盼未来的联合设计不断充实更多丰富内容，越办越好！

三是责任。

联合毕业设计的调研环节中《贫嘴张大民的幸福生活》和《没事偷着乐》中天津市民昔日的情景再现，增加了学生们的社会责任和对城市更新意义的再思考。在目前存量语境下，城市如何来体现生活更美好的主题，如何来平衡"历史保护"和"城市更新"的矛盾，未来规划师们的工作责任任重道远！

需要大家齐努力，不忘初心，砥砺前行！

崔诚慧

2018年城乡规划专业京津冀高校"X+1"联合毕业设计已经圆满结束，来自于东北长春的我们有幸获邀参加了此次联合毕业设计。在短短三个月内，我们团队在建筑与规划学院吕静副院长的带领下和八所京津冀院校的师生们一起进行设计的交流、思维的碰撞，以及教学方法的研讨，在整个联合毕设的过程中我们收益颇多。

此次联合毕业设计主办方天津城建大学和河北工业大学选取以天津市西沽地区为设计对象，以"记忆·更新·价值——存量语境下的天津西沽地区城市设计"为设计题目。我们的设计团队通过解题、分析和设计等阶段，从挖掘天津城市发源地的历史文化，延续运河文脉，平衡保护与开发的关系，构建西沽地区的空间形象和特色，提高环境品质和生活品质等方面提出了自己的思考和见解。我们团队的四位学生在毕设期间付出了辛苦的努力，虽然设计成果仍存在不足之处，但是学生们的热情投入、同窗情谊、团结协作让我非常欣慰和感动，最重要的是学生们在合作中成长了，在成长中进步了。

在此特别感谢主办方精心的组织、周到的安排，感谢中国城市规划学会，天津城市规划学会以及人大、天大等高校专家们的点评和建议，你们敬业的工作态度让我敬佩。由衷地希望京津冀高校联合毕业设计这个学习交流平台越来越好，同时希望借助这个平台各个兄弟院校之间能够开展更多的交流与合作，期盼明年的联合毕设更加精彩！

# 学生感言

朱顺杰：流年似水，佳期如梦。昨日时光悄然而逝，而我也即将开始新的征程，思绪万千。五年所学的知识汇聚在这短短三个月的设计中，虽未能尽善尽美，但也不觉遗憾。曾经抱怨过毕设太累、时间太短，但当真正毕业的时候才发现这三个月收获的不仅是上达统筹决策、下至熬夜画图的历练，还有许多美好的回忆。三个月的设计之路是一个结束，同时也是一个开始。书山有路，学海无涯，希望未来的学习与生活仍能保持初心与激情，相信未来一定能够更加灿烂辉煌。最后，感谢所有教过和帮助过我的老师和朋友，五年的求学之路因为有了你们的辛劳和指导，我才能茁壮成长。愿吉林建筑大学建筑与规划学院的发展蒸蒸日上，愿自己以梦为马，不负韶华！

苏　鹏：联合毕业设计三个多月以来，感触良多。关于城市设计通过多校联合答辩让我了解到多角度的城市设计解决策略，也从各位专家身上学习到了更为专业的视角。这将成为我未来工作实践中宝贵的经验。关于团队协作：通过此次团队协作，让我觉得最有意思的是区别于工作的团队生活。期间有爱有恨，但我们始终为了同一目标不断前进。这或许会是令我毕生难忘的一次有趣经历吧！最后，感谢学校为我们提供了这样的平台使我们有机会和京津冀各高校共同探讨存量语境下的西沽地区城市设计。

罗　帅：很荣幸能够代表吉林建筑大学参加 2018 年京津冀城乡规划专业联合毕业设计，这既是一个锻炼自己的机会，评测五年来的学习成果，同时也是一次对自身的挑战。在近三个月的毕业设计中，首先我很感谢指导老师对我们方案设计的悉心指导，同时感谢毕设小组队友的默契合作，使得在这次毕设中学习到了很多，不仅增长了许多专业方面的知识，同时认识到团队协作的重要性。在联合毕设答辩时，通过观看其他学校的汇报成果及成果展示，开阔了视野，学习到了许多不一样的思考方式，也认识了许多新朋友。最后祝愿今后的京津冀规划专业联合毕业设计举办得越来越好。

乔福傲：非常高兴能够参与本次"京津冀 x+1"联合毕业设计。在大学将要结束的时候能够和各个高校的学生一起同台竞技，第一次参加大型联合设计感觉自己学到了很多，也感谢学校以及指导教师给自己参加这种大型联合设计的机会。在这次联合设计中，重要的是参与过程中自己学到了很多，本次京津冀联合设计让自己对天津这个城市的规划以及未来有了更加深刻的认识，更加坚定了自己在规划领域学习的决心。团队协作，是本次联合设计自己获得的更重要的知识。通过默契娴熟的配合，小组四人一步步从分歧到达成共识，到最后获得了一个满意的成果，大家都开始重视团队协作的重要性。通过此次联合毕业设计，更加深刻地认识到自己的学习并没有结束，而这只是刚刚开始。在今后的日子里，自己一定会更加努力地学习，争取更多参加联合设计的机会，到更大的平台去展示自己。

# 释题

## 1. 题目解读

（1）标题解读：本次设计以城市更新、旧城改造为契机，紧抓城市双修和存量更新的政策机遇，以记忆、更新、价值三点入手，并以这三点所特别针对的人群的现实需求和未来发展出发，寻求最适宜的天津西沽地区的发展模式。解题思路强调"精准"、"典型"。不在于全面而在于精准，不需要做成大而全的系统工程，而是把握关键问题，提出重点策略；不在于处处开花而在于典型样本，不需要兼顾所有地区的所有需求，而是依据关键问题选取典型地段，采取针对性的解决途径。这样，既旗帜鲜明，也有的放矢。

（2）设计定位：传统的旧城更新的整个过程缺乏对于公众利益的考虑，城市更新成为体现政府意志、实现设计师个人价值观以及开发商获利的工具。通过存量更新、产业激活、文化植入等多种手段针对不同群体、不同方向的问题采用内生主导、外力支持的总体概念，给予地块和人群新的增长极，符合多方利益制衡的要求。

## 2. 定位目标

通过五个资源专题研究，得出现状 SWOT 分析，提取地块现状的核心问题——地理经济区位的特殊、场地的割裂、文化的破碎，为本次设计的核心切入点。得出我们的定位为"津沽生活共同体"，使西沽地区和天津市中心区协同发展。规划实现物质资源弱势为非物质体传承天津本土文化，在设计上满足本地居民、城市置业者、外来游客等不同人群的需求，形成天津市独具特色的本土历史风貌体验区。打造以西于庄为主的新津沽、现代活力城和西沽南片区为主的老津沽以及文创产业街区。

## 3. 规划策略

结合已有资源优势，引入集聚文化、交流、休闲和购物为一体的综合桥接体系作为触媒，加强西沽地区的区域联系，以及有形与无形的廊系空间串联西沽地区的破碎文化，打破不同文化之间的隔阂，发挥历史遗存建筑的价值。充分发挥项目区内的自然环境优势，提出设计策略，通过多元整合、廊系渗透、桥接串联、圈层构建四大策略，重新激活西沽地区的发展。

2018年 城乡规划专业京津冀高校「X+1」联合毕业设计作品集

# 设计构思

**设计地段：津桥今**

**设计者：朱顺杰 苏鹏**

在津桥今地区的局部地段城市设计中主要分为 6 大板块，分别为：生态湿地公园、文化火锅、乐活大桥、垂直森林、城市峡谷以及地铁接驳系统。

由于地段的特殊性，作为上位规划确定的天津副中心的西沽地区现状以棚户区为主，短时间内很难焕活生命力。又由于天津的城市发展战略目标向东部滨海新区转移，致使西沽地区需要改变城市副中心以商务金融为主要发展产业的现状，另辟蹊径才能够重塑活力。

在通过新老津沽多元共生的总体城市设计的基础上，津桥今地段将成为整个西沽地区的发展触媒。作为唯一一所不是来自京津冀高校的同学，我们希望通过设计让具有历史价值与记忆的津桥今地段能够带给我们外来游客历史体验的同时又不丧失城市副中心的职能。因此我们通过天津本土的原型提取和空间分析提出打造文化火锅这一概念，希望以此作为天津本土文化的小型展示窗口。并且结合城市双修的大背景，设计湿地公园以及垂直森林来使津桥今地段成为新的生态副中心试验区。乐活大桥采用不同的空间形式，将会成为串联衔接整个地段各个片区的"灵魂"。以有形的桥和无形的桥焕活津桥今地段。

**设计地段：沽廊古**

**设计者：罗　帅　乔福傲**

　　新老津沽的衔接设计中，老津沽文化创意街区主要采用的是复刻式更新修补的方式来承接上一部分乐活大桥津沽生活共同体的城市设计，主要的设计内容为水旱码头、多元集市、创意工坊、绿意回廊、地铁接驳系统。

　　对沽廊古地区的现状调查中，对人群进行分类研究，人群主要有四种，籍贯多元、学历多元、收入多元、年龄多元，并与周边人群并没有很好的融合，与周边人群具有极大的文化水平差距、收入差距、年龄层次差距。

　　通过对多元人群的定位，对民俗文化的传承，重塑服务产业，融合多元人群，重建空间环境，最后生成了设计理念，分别为四个单元，为"原住人家"、"新住人家"、"外来人家"、"商住人家"。

　　在地铁片区城市设计中主要考虑的是可达性、尺度性、连接性。沽桥的设计借用了乌特勒支步行桥对于城市空间衔接的理念，将城市的步行系统进行连续、慢性体系的充分共融，并附以商业、生活、文化、生态空间。

　　在沽廊城市设计中首先考虑的是天津市的整体文化与西沽文化的对接。然后对天津市古文化街的文化元素进行提取，将民俗文化打造成多元集市、曲艺文化打造成绿意回廊、工艺文化打造成创意工坊、饮食文化打造成历史展示并将四种文化打造成不同的建筑肌理。

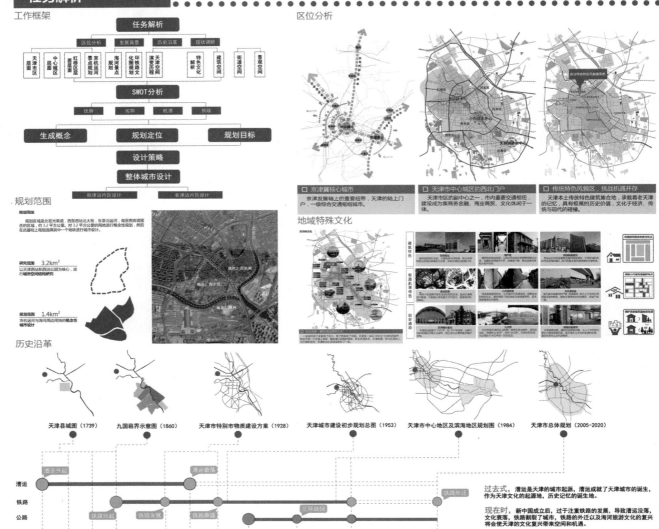

## 任务解析

工作框架

区位分析

规划范围

历史沿革

地域特殊文化

2018年 城乡规划专业京津冀高校「X+2」联合毕业 设计作品集

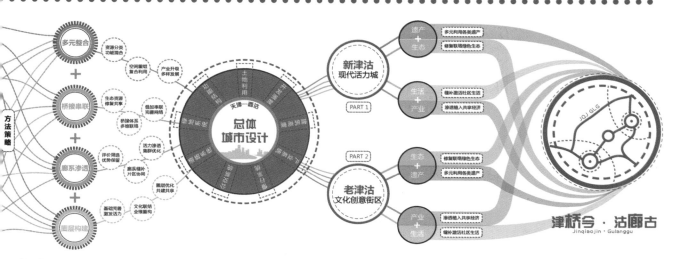

方法策略

多元整合 + 桥接串联 + 廊系渗透 + 圈层构建

资源分类功能混合
空间重组复合利用
产业升级多样发展
生态资源修复共享
叠加串联完善网络
桥接体系多维联络
活力渗透集群优化
评价筛选优势保留
廊系填补片区协调
基础完善激发活力
圈层优化共建共享
文化联结业缘重构

总体城市设计
天津一意话

新津沽 现代活力城 PART 1
老津沽 文化创意街区 PART 2

遗产+生态
多元利用各类遗产
修复联结绿色生态
生活+产业
缝补激活社区生活
渗透植入共享经济

生态+遗产
修复联结绿色生态
多元利用各类遗产
产业+生活
渗透植入共享经济
缝补激活社区生活

津桥今·沽廊古
Jinqiaojin · Gulanggu

## 规划背景

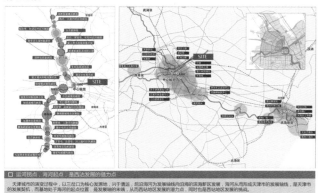

□ 运河拐点、海河起点，是西沽发展的借力点

天津城市的演变过程中，以三岔口为核心发源地，兴于漕运，启泊海河为发展轴线向泊海的滨海新区发展，海河从而形成天津市的发展轴线，是天津市的发展契机，而基地处于海河的起点位置，是发展轴的末端，从而西站地区发展的潜力点，同时也是西站地区发展的挑战。

## 土地利用现状

## 现状资源分析

### 社会资源分析

1. 棚户区多，且存在时间长

□ 容积率评价  □ 建筑高度评价
□ 建筑年代评价  □ 居住区评价

2. 人才流失，老龄化严重

职业分布　年龄构成
收入情况　居住时间
居住感受　学历情况

3. 公服设施质量较差，且存在公共服务真空地带

**教育设施资源**
R=1000m 居住用地覆盖率82%

**文化设施资源**
R=500-1000m 居住用地覆盖率52%

**医疗设施资源**
R=500-1000m 居住用地覆盖率75%

□ 居住质量评价叠加图

图例
1-2
1.2-2
2-3
3-4
4-5

地块内以老幼人群为主，整体上3个地块内都缺乏幼儿园及老年活动中心，几乎没有公共绿地；卫生所数量过少，医院的等级和规模不够，不能辐射整个片区，不能满足当地居民的需求。

住户家庭内部大多没有厕所，造成公共厕所数量多，但大多环境质量差，幽暗逼仄，气味难闻。其中还有多数为危房。

## 文化资源分析

□ 天津文化资源发掘

活边缘

泛·文化

线性空间发展
面状空间发展
社区化
流动化
活态化

儒雅文化

曲艺文化　书画文化　园林文化

市井文化

码头文化　宗教文化　茶馆文化

集市文化

工艺文化　饮食文化　生活文化

□ 基地历史印记追溯

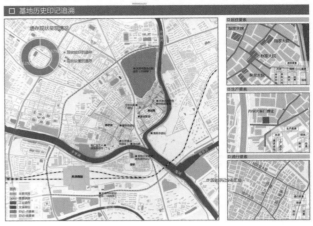

## 交通资源分析

1. 道路不成体系，可达性差

2. 规划地铁线路作为发展新契机

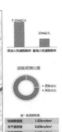

3. 慢行系统不完善，出行不便

## 生态资源分析

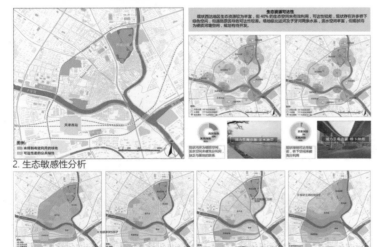

2. 生态敏感性分析

1. 西沽公园、滨水资源丰富，但资源开发不足

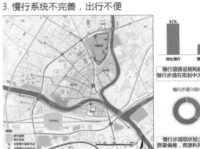

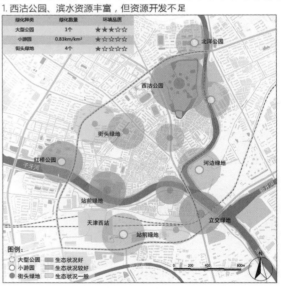

图例：
○ 大型公园　　生态状况好
○ 小游园　　　生态状况较好
　街头绿地　　生态状况一般

0  200  400  800m

## 产业资源分析

1.POI 数据分析

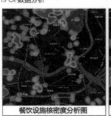

餐饮设施核密度分析图

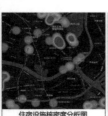

住宿设施核密度分析图

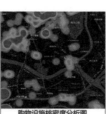

购物设施核密度分析图

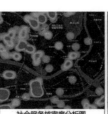

社会服务核密度分析图

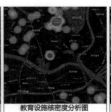

教育设施核密度分析图

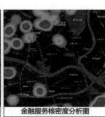

金融服务核密度分析图

## 2. 现状产业发展与评估

| 门类 | 工业 | 生活服务类 | | 公共服务类 | | |
|---|---|---|---|---|---|---|
| 具体类型 | 制造业 | 零售类 | 居民服务类 | 住宿和餐饮类 | 教育类 | 卫生和社会工作类 | 公共管理类 |
| 产业规模 | ★ | ★★★★ | ★★★ | ★★ | ★★ | ★★★ | ★ |
| 发展效益 | ★ | ★ | ★ | ★★★ | ★★★ | ★★★ | ★ |
| 发展环境 | ★ | ★★★ | ★★★ | ★★★ | ★★★ | ★★★ | ★★★ |

保留产业 → 教育类 · 卫生和社会工作类 · 住宿和餐饮类

提高现有教育类、卫生和社会工作类、住宿和餐饮类等公共服务类产业的整体服务水平与空间品质，营造更佳的服务氛围。

升级产业 → 零售类 · 居民服务类 · 公共管理类

可对零售类、居民服务类别、公共管理类等生活服务类产业进行升级，在现发展方式上继续扩充服务方式，丰富服务层次。

更替产业 → 制造业

迁出主城区，并入产业园。

## 3. 区域产业协调与遴选

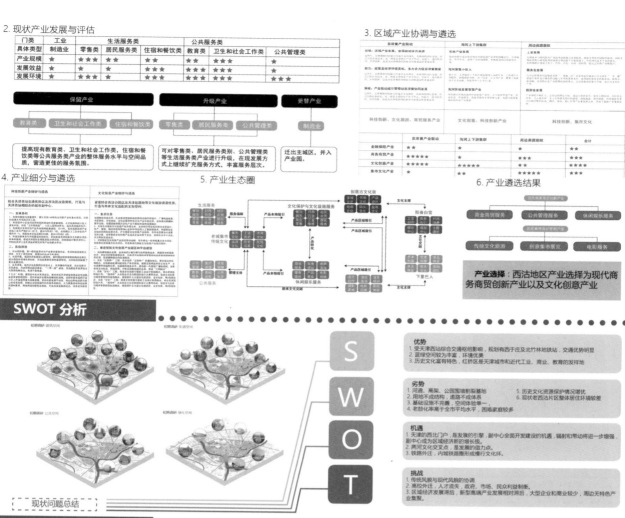

| | 京津冀产业联动 | 海河上下游集群 | 周边资源渗入 | 合计 |
|---|---|---|---|---|
| 金融综合产业 | ★★ | | ★ | ★★ |
| 商务商贸产业 | ★★★★ | ★ | ★ | ★★★ |
| 文化创意产业 | ★★★★★ | ★★★★★ | ★★ | ★★★★ |
| 集市文化产业 | ★ | ★★ | ★★★ | ★★★ |

## 4. 产业细分与遴选

## 5. 产业生态圈

## 6. 产业遴选结果

**产业选择：** 西沽地区产业选择为现代商务商贸创新产业以及文化创意产业

## SWOT 分析

**优势**
1. 受天津西站综合交通枢纽影响，规划有西于庄及北竹林地铁站，交通优势明显
2. 蓝绿空间较为丰富，环境优美
3. 历史文化富有特色，红桥区是天津城市和近代工业、商业、教育的发祥地

**劣势**
1. 河道、高架、公园围墙割裂基地
2. 用地不成结构，道路不成体系
3. 基础设施不完善，空间体验单一
4. 老龄化率高于全市平均水平，国家庭较多
5. 历史文化资源保护情况堪忧
6. 现状老西沽片区整体居住环境较差

**机遇**
1. 天津的西北门户，是发展的引擎，副中心全面开发建设的机遇，辐射和带动将进一步增强，副中心或成为区域经济新的增长极。
2. 两河文化交汇点，是发展的借力点。
3. 铁路外迁，内城铁路圈形成慢行文化环。

**挑战**
1. 传统风貌与现代风貌的协调
2. 高校外迁，人才流失，政府、市场、民众利益制衡。
3. 区域经济发展滞后，新型高端产业发展相对闲阻，大型企业和商业较少，周边无特色产业集聚。

现状问题总结

## 概念提出

### □ 概念提出

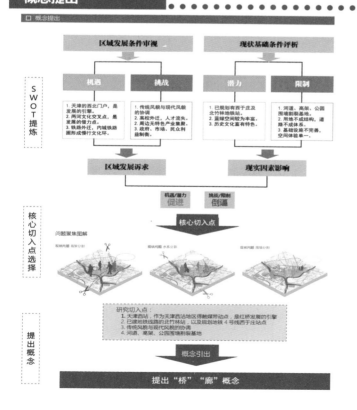

**SWOT 提炼**

区域发展条件审视 / 现状基础条件评析

机遇 / 挑战 / 潜力 / 限制

**机遇**
1. 天津的西北门户，是发展的引擎。
2. 两河文化交汇点，是发展的借力点。
3. 铁路外迁，内城铁路圈形成慢行文化环。

**挑战**
1. 传统风貌与现代风貌的协调
2. 高校外迁，人才流失。周边无特色产业集聚。政府、市场、民众利益制衡。

**潜力**
1. 已规划有西于庄及北竹林地铁站。
2. 蓝绿空间较为丰富。
3. 历史文化富有特色。

**限制**
1. 河道、高架、公园围墙割裂基地。
2. 用地不成结构，道路不成体系。
3. 基础设施不完善，空间体验单一。

区域发展诉求 / 现实因素影响

机遇/潜力 促进 / 挑战/限制 倒逼

**核心切入点**

**核心切入点选择**

问题聚集图解

**提出概念**

研究切入点：
1. 天津西站作为天津西沽地区的触媒带动点，是红桥发展的引擎
2. 已建地铁线路的北竹林站，以及规划地铁4号线西于庄站点
3. 传统风貌与现代风貌的协调
4. 河道、高架、公园围墙割裂基地

概念引出

**提出"桥""廊"概念**

### □ 概念生成

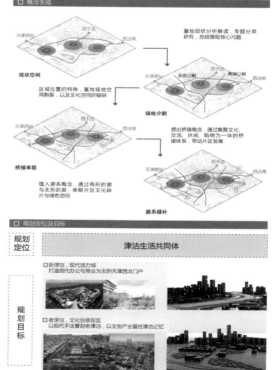

现状空间
区域位置的特点，基地场地空间割裂，以及文化空间的破碎

桥接串联
提出桥接概念，通过集聚文化、交流、休闲、购物为一体的桥接体系，带动片区发展

廊系缝补
植入廊系概念，通过有形的廊与无形的廊，串联片区文化碎片与绿色空间

基地现状分析解读，专题分类研究，总结提取核心问题

水系分割 / 高架分割 / 场地分割

### □ 规划定位及目标

**规划定位**　津沽生活共同体

**规划目标**
□ 新津沽，现代活力城
打造现代办公与商业为主的天津西北门户

□ 老津沽，文化创意街区
以现代手法篆刻老津沽，以文创产业留住津沽记忆

## 空间结构推导

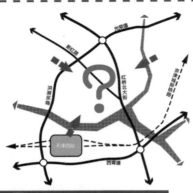

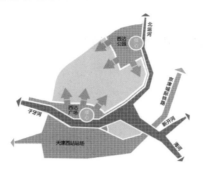

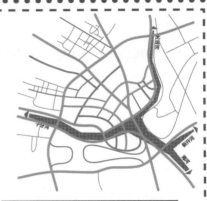

☐ 对接周边区域，确立发展前提

延续天津市红桥区总规确定的主次干道，结合区域性交通与周边区域充分对接，形成方案构思的前提。

☐ 构建生态广场，滨水绿地联络

整合红桥区和西沽地区的绿地景观资源，通过合理的改造设计，形成丰富的生态公园与滨水绿地形态。

☐ 强化交通联系，组织绿网脉络

强化内外交通联系，结合道路及公共空间来组织林荫大道及人性化尺度的绿脉城市网络。

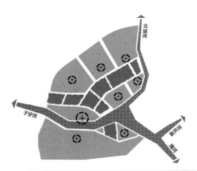

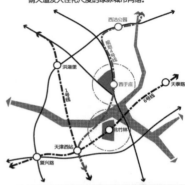

☐ 创造桥接廊系，建立发展触媒

围绕中心景观绿地，结合商业、商务、文化、金融、生态等，多维缝补，构建产城融合的触媒平台。

☐ 界定触媒腹地，提倡复合发展

界定触媒的核心腹地，确定触媒的主导功能，同时强调复合式发展各组团，实现开发的灵活性。

☐ 建设基础设计，构建服务高地

根据规划轨道支线，提升西沽地区在天津的辐射带动作用，通过商务金融等服务业的发展，带动产业的提升。

## 功能结构规划图

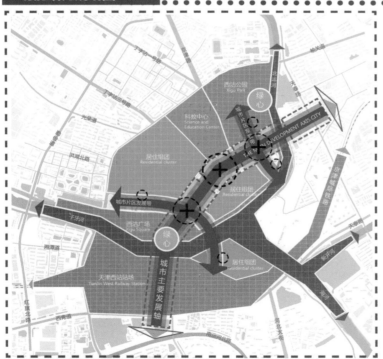

### 规划系统布局图

☐ 产业布局规划图

基于现状产业分析，优化产业结构，确定"一轴一带三片区"的产业布局结构。

☐ 道路系统规划图

参照控规，完善路网结构，改善现状穿巷子肌理，增强场地内外的交通可达性，从而促进西站片区的发展。

☐ 绿地景观系统规划图

分析绿地、水系、慢行网络，形成城市公园、社区公园、都市绿街多层级绿色网络。

☐ 慢行系统规划图

结合桥接系统和绿色基础设施规划，打通西站和西沽公园之间的步行障碍，打造尺度适宜的步行网络。

## 功能结构规划

一轴、两带、三心
多节点、多片区

一轴：贯通天津西沽地区对接天津西站的城市主要发展轴。
两带：沿西沽广场的西于庄桥片区发展带和西沽南片区发展带。
三心：以西沽广场和西沽公园为依托的绿心以及以轨道交通接驳系统为依托的换乘中心。
多节点：打造天津西沽多样发展节点，构筑以一轴两带为骨架的城市核心发展触媒。
多片区：以多节点为片区核心，结合历史文化经济人文等因素划分各个不同的功能组团。

# 土地利用规划图

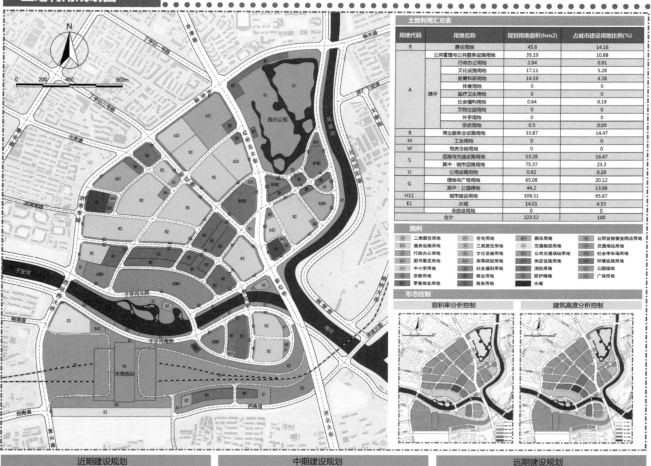

## 土地利用汇总表

| 用地代码 | | 用地名称 | 规划用地面积(hm2) | 占城市建设用地比例(%) |
|---|---|---|---|---|
| R | | 居住用地 | 45.8 | 14.16 |
| A | | 公共管理与公共服务设施用地 | 35.19 | 10.88 |
| | 其中 | 行政办公用地 | 2.94 | 0.91 |
| | | 文化设施用地 | 17.11 | 5.28 |
| | | 教育科研用地 | 14.19 | 4.38 |
| | | 体育用地 | 0 | 0 |
| | | 医疗卫生用地 | 0 | 0 |
| | | 社会福利用地 | 0.64 | 0.19 |
| | | 文物古迹用地 | 0 | 0 |
| | | 外事用地 | 0 | 0 |
| | | 宗教用地 | 0.3 | 0.09 |
| B | | 商业服务业设施用地 | 33.87 | 14.47 |
| M | | 工业用地 | 0 | 0 |
| W | | 物流仓储用地 | 0 | 0 |
| S | | 道路与交通设施用地 | 53.28 | 16.47 |
| | 其中 | 城市道路用地 | 75.37 | 23.3 |
| U | | 公用设施用地 | 0.92 | 0.28 |
| G | | 绿地与广场用地 | 65.08 | 20.12 |
| | 其中 | 公园绿地 | 44.2 | 13.66 |
| H11 | | 城市建设用地 | 309.51 | 95.67 |
| E1 | | 水域 | 14.01 | 4.33 |
| | | 非建设用地 | 0 | 0 |
| | | 合计 | 323.52 | 100 |

图例

二类居住用地　服务设施用地　行政办公用地　图书展览用地　中小学用地　宗教用地　零售商业用地　住宅用地　三类居住用地　文化设施用地　高等院校用地　社会福利用地　商业用地　商务用地　娱乐用地　交通枢纽用地　公共交通场站用地　供应设施用地　演艺用地　防护绿地　水域　公用设施营业网点用地　交通场站用地　环境设施用地　公园绿地　广场用地

## 形态控制

### 容积率分析控制

### 建筑高度分析控制

## 近期建设规划

**特色打造 存量盘活**

近期规划建设通过打造特色重点项目，盘活整个天津市西沽地区重点地段的存量用地，盘活规划用地的更新与活力。

## 中期建设规划

**连点合纵 更新外溢**

中期规划建设通过连点成线，细化各个地块内的功能性质，加强用地复合性，开放空间体系逐渐形成，更新功能活力外溢。

## 远期建设规划

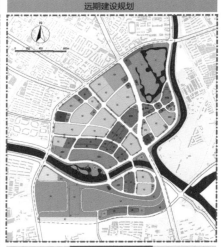

**环境整治 结构完善**

远期规划建设通过聚面成网，带动内部用地的更新，提升各个地块内部的品质，逐步落实"一轴两带三心多节点多片区"的功能结构。

## □ 用地集约导向

**效益优先**

以轨道交通站点为城市触媒点，辐射带动整个设计地段的经济活力。以效益优先级引投资与建设，发展商业与金融提升土地价值，来加快西沽站地区成为天津市城市副中心的进程。

轨道站点
主要干线

**生态优先**

以西沽公园与西沽广场生态湿地的公园为设计地段的两个绿心，并且通过滨河景观带连接。考虑生态优先的导向原则，打造地段内部的生态绿地网络系统，也结合慢行系统

公园改造
廊道渗透

**宜居优先**

考虑设计地段作为城市副中心的特殊职能，基地内部的两个棚户区的住区形式逐新为高端居住区。并且以宜居优先为导向，充分考虑居住小区的周边的景观和公共服务设施布局。

评价保留
环境提升

**产业优先**

通过现状产业发展评估，选择淘汰和保留的产业，再进行产业细分和筛选。以产业优先级和产业联动提高天津市的本土文化共荣圈，不同产业共同作用，以拓展西沽地区的影响力。

现状改造
置换升级

## A. 西沽南文创休闲生活区

- Ⓐ1 西沽公园
- Ⓐ2 游客服务中心
- Ⓐ3 创客休闲平台
- Ⓐ4 文化演艺中心
- Ⓐ5 传统生活休闲街
- Ⓐ6 保留改造居住区
- Ⓐ7 生活配套服务设施
- Ⓐ8 乐活大桥

## B. 西沽南轨道交通枢纽区

- Ⓑ1 地铁接驳综合体
- Ⓑ2 枢纽管理中心
- Ⓑ3 天津市第五中学
- Ⓑ4 河北工业大学
- Ⓑ5 天津八十中学
- Ⓑ6 保留改造居住区

## C. 西于庄生态文化商务区

- Ⓒ1 城市峡谷
- Ⓒ2 垂直森林
- Ⓒ3 乐活大桥
- Ⓒ4 文化火锅
- Ⓒ5 湿地公园
- Ⓒ6 新建高端居住区
- Ⓒ7 津沽大剧院

## D. 旱桥创智文化商业生活区

- Ⓓ1 文化火锅
- Ⓓ2 乐活大桥
- Ⓓ3 垂直森林
- Ⓓ4 地铁接驳综合体
- Ⓓ5 新建高端居住区

| 经济技术指标 | |
| --- | --- |
| 总用地面积 | 105 hm² |
| 总建筑面积 | 2603529 m² |
| 容积率 | 2.48 |
| 建筑密度 | 0.26 |
| 绿地率 | 38.40% |
| 总人口数量 | 27405人 |

N

120m    300m    600m

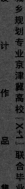

2018年 城乡规划专业京津冀高校「X+1」联合毕业设计作品集

198

**乐活大桥**
依托道路两侧不同功能性质的用地，通过桥接串联，以达到片区协同，完善设施，提升社区活力。

**地铁接驳综合体**
依托轨道交通站点的辐射带动作用，打造集交通接驳、商业商务、休闲生活为一体的综合体。

**城市峡谷**
区别大同小异的城市综合体，通过打造内部花园塑造贴近自然的城市峡谷，提升周边社区环境质量。

**文化火锅**
依托天津市丰富的文化资源，使之成为天津文化的一个小型展示基地，从而打造出新的"天津名片"。

**生态湿地公园**
依托子牙河丰富的滨水景观和天津西站良好的视线通廊，打造生态湿地公园，塑造城市生态形象。

西沽公园　红桥半大街　北运河　北运河东路　席厂下坡道　天泰路　杨桥大街　海河　津浦北路　子牙河　老红桥　新红桥　西青道　河北大街　河北同南路

A1 A2 A3 A4 A5 A6 A7 A8 B1 B2 B3 C6 C7 D2 D3 D4 D5

**津桥今城市名片**

**插件式更新盘活**

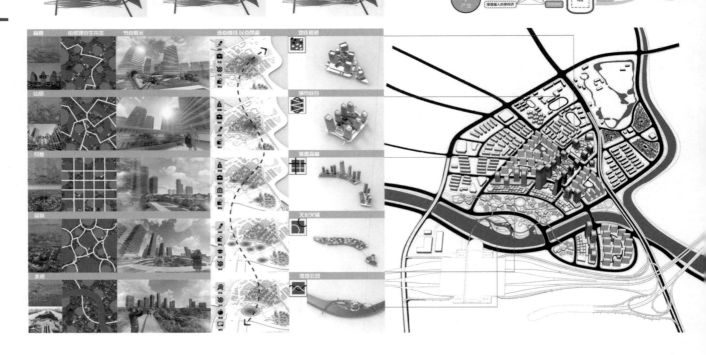

# 文化火锅插件

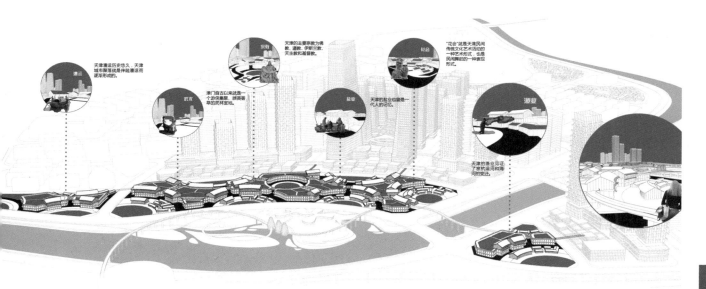

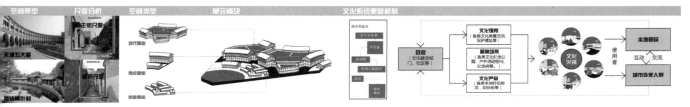

空间原型　尺度分析　空间类型　单元模块　文化系统更新机制

# 垂直森林插件

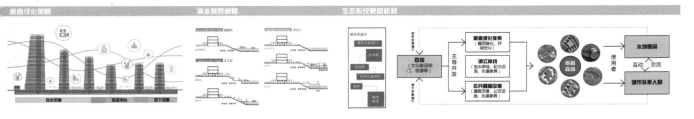

垂直绿化策略　滨水景观策略　生态系统更新机制

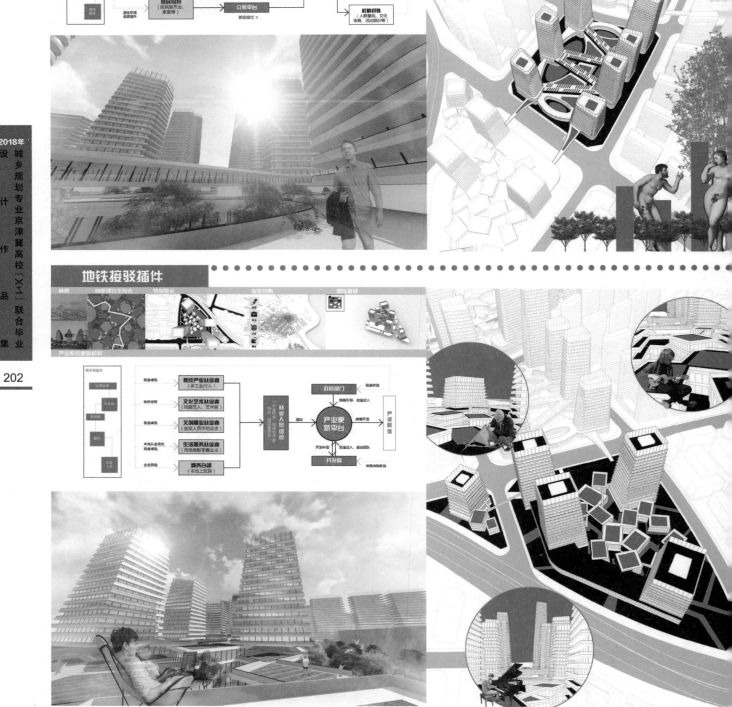

# 乐活旅游地图

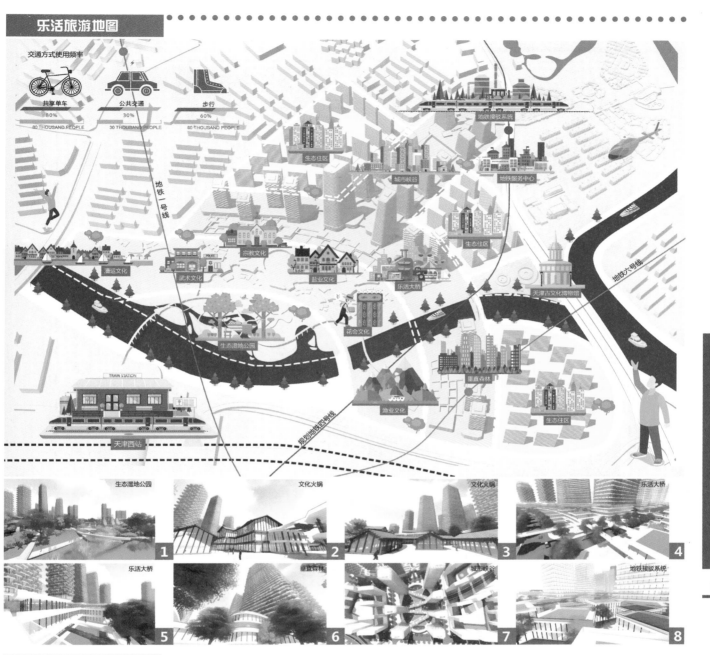

# 文化火锅建设时序

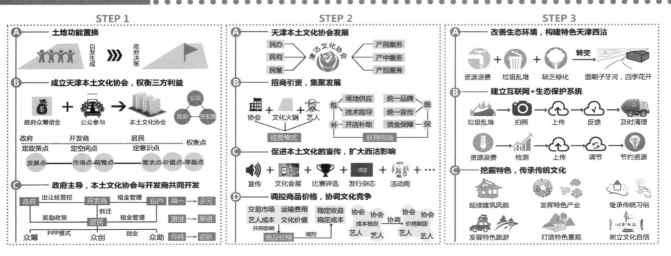

## 西沽南片区总平面图

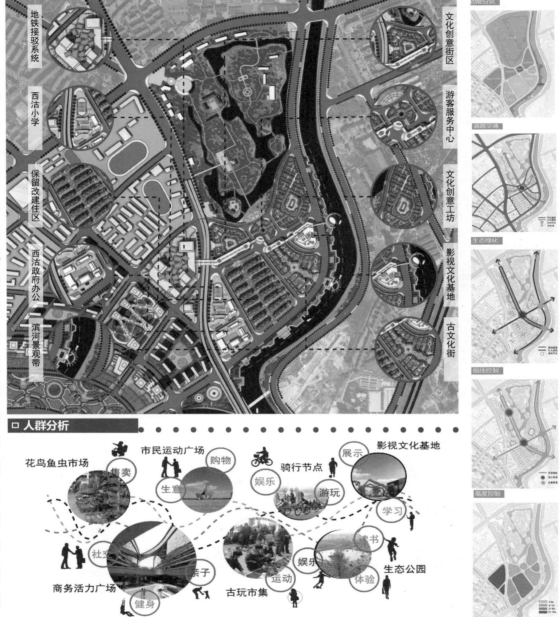

地铁接驳系统
西沽小学
保留改建住区
西沽政府办公
滨河景观带

文化创意街区
游客服务中心
文化创意工坊
影视文化基地
古文化街

功能分区
道路交通
生态绿化
视线控制
高度控制

### □ 人群分析

花鸟鱼虫市场 市民运动广场 购物 骑行节点 展示 影视文化基地
售卖 生意 娱乐 游玩 学习 读书
社交 亲子 娱乐 运动 体验 生态公园
商务活力广场 健身 古玩市集

## 工作框架

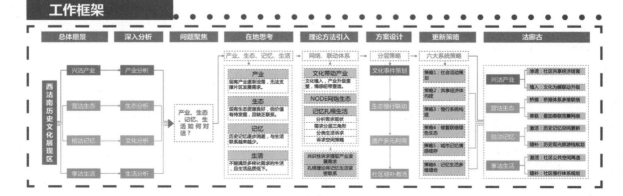

总体愿景　深入分析　问题聚焦　在地思考　理论方法引入　方案设计　更新策略　沽廊古

西沽南历史文化展现区

兴沽产业 — 产业分析
营沽生态 — 生态分析
拾沽记忆 — 文化分析
享沽生活 — 生活分析

产业、生态、记忆、生活

产业：现有产业渐近没落，无法支撑片区发展需求。
生态：现有生态资源良好，但价值有待发掘，且缺乏关联。
记忆：历史记忆逐步消逝，与生活联系越来越少。
生活：不能满足多样化需求的生活，且生活品质较低。

产业、生态、记忆、生活如何对话？

网络、联动体系

文化驱动产业　文化植入，产业升级置换，情感纽带营造。
NODE网络生态　记忆扎根生活
分析需求现状　需求分层三角构建　公共记忆需求　需求空间图解
共享性评价播职业发展需求　孔规理论明记忆生活密联系

分层策略

文化事件策划
生态慢行联动
遗产多元利用
社区碎补激活

六大系统策略

策略1：社会活动策划
策略2：共享经济体系
策略3：慢行系统构建
策略4：修复联络绿色生态
策略5：城市记忆储存
策略6：记忆生活多维链接

兴沽产业　渗透：社区共享经济培育　植入：文化为媒联动开发　桥接：桥接体系多维联络
营沽生态　串联：叠加串联完善网络　激活：历史记忆空间更新
拾沽记忆　缝补：历史观光旅游规划　激活：社区公共空间再造
享沽生活　缝补：社区慢行体系规划

## 更新目标＆更新策略

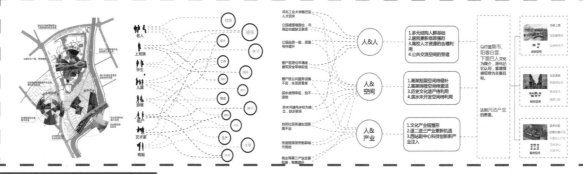

## 地铁片区城市设计

Accessibility（可达）：公共交通、机动车、非机动车以及步行人流之间的便捷汇聚

Scale（尺度）：在城市尺度、街道尺度、建筑尺度和人行尺度上，多维度地体现人性关怀。

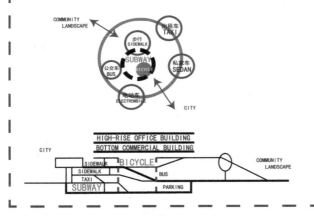

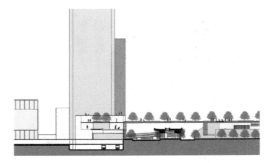

Connectivity（连接）：将便捷高效的公共换乘空间与外部城市公共空间和多种物业类型（社区公共设施、商业、办公等）无缝对接。

## 乐活桥城市设计

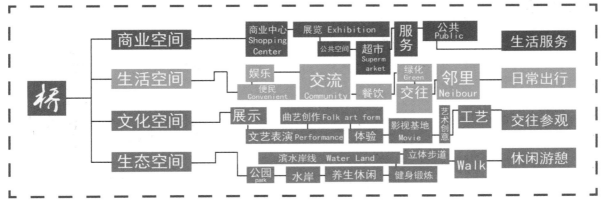

## 乐活桥城市设计

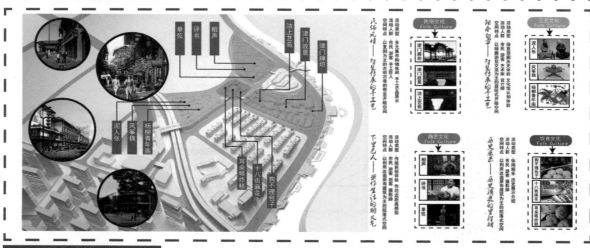

## 沽廊城市设计

单弦
评书
相声

沽上艺苑
津门故里
津门牌坊

泥人张
风筝魏
杨柳青年画

耳朵眼炸糕
十八街麻花
狗不理包子

民俗风情——羽翼传承的手工艺

不里匠人——劳作生活的翅父艺

### 民俗文化
### Folk Culture

津门牌坊
津门故里
沽上艺苑

### 工艺文化
### Folk Culture

泥人张
风筝魏
杨柳青年画

### 曲艺文化
### Folk Culture

相声
评书
单弦

### 饮食文化
### Folk Culture

狗不理包子
十八街麻花
耳朵眼炸糕

历史尘香——历史深处的里行研

## 滨水城市设计

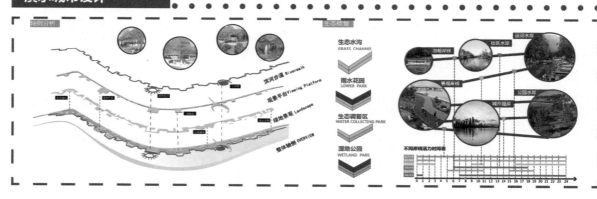

轴侧分析

滨河步道 Riverwalk
观景平台 Viewing Platform
绿地景观 Landscape
整体轴侧 OVERVIEW

生态修复

生态水沟
GRASS CHANNEL

雨水花园
LOWER PARK

生态调蓄区
WATER COLLECTING PARK

湿地公园
WETLAND PARK

游船岸线
社区水岸
运河水岸

景观岸线
城市堤岸
公园水岸

不同岸线活力时间表

0 1 2 3 4 5 6 7 8 9 10 11 12 13 14 15 16 17 18 19 20 21 22 23 24

## 西沽南片区鸟瞰图

## 导则控制

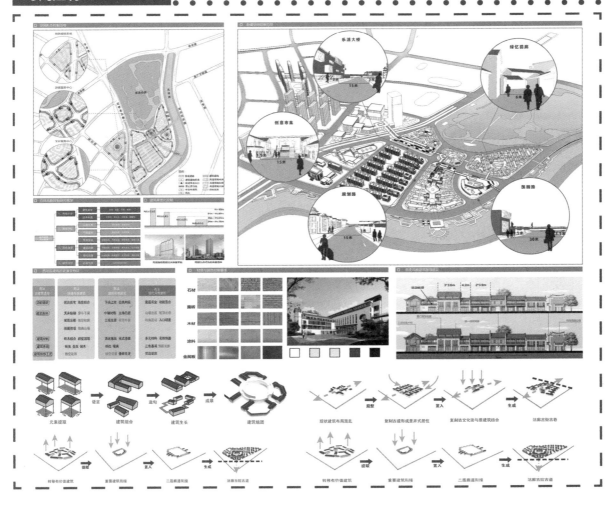

# 大事记

天津城建大学 • 天津
联合毕业设计筹备会
    天津城建大学建筑学院、河北工业大学建筑与艺术学院

筹备会

天津城建大学 • 天津
开幕式与开题报告会
    项目介绍：天津市城市规划设计研究院工程师
    专题报告：耿宏兵教授，中国城市规划学会副秘书长
            王振坡教授，天津城建大学

    现场踏勘

开幕式

河北工业大学 • 天津
中期答辩
　出席专家：彭震伟、耿宏兵、王学斌、温炎涛、吕永泉
　专题报告：彭震伟教授，同济大学建筑与城市规划学院

中期答辩

河北工业大学 • 天津
终期答辩与闭幕式
　出席专家：耿宏兵、王学斌、邹艳丽、温炎涛、李国庆、曾鹏
京津冀联合毕业设计作业展

大
事
记

209

终期答辩

## 后记

在中国城市规划学会、天津城市规划学会、天津城市规划设计研究院、天津红桥区政府的大力支持下，历经半年的第二届城乡规划专业京津冀"X+1"联合毕业设计在天津圆满结束。河北工业大学、天津城建大学作为主办学校，邀约北京工业大学、北方工业大学、北京建筑大学、河北建筑工程学院、河北农业大学、河北工程大学、吉林建筑大学齐聚津城，以"记忆·更新·价值"为主题，围绕天津城市副中心建设，选址天津的发源地和未来的副中心西沽地区为设计场地，共同探讨存量语境下的天津西沽地区城市设计。

教育协同发展是落实"京津冀协同发展"重大国家战略的客观要求。近年来，围绕京津冀教育协同发展，三地的高校迅速行动，密切交流合作，创新体制机制，取得了积极进展。城乡规划专业京津冀高校"X+1"联合毕业设计，是落实京津冀教育协同发展的重要举措，是京津冀的学会、企业、政府和高校四位一体的联合行动。联合毕业设计，不仅是一场京津冀高校联盟毕业实践教学活动，更是一种创新的合作，是一种多赢的合作。在联合毕业设计的过程中，来自京津冀三地的高校坚持统筹协调，坚持改革创新，完善体制机制，努力为三地高等教育创新发展做出贡献。

感谢彭震伟、耿宏兵、王学斌、温炎涛、邵艳丽、曾鹏、李国庆、吕永泉等几位专家评委的精彩点评！感谢参与联合毕业设计的九校师生！感谢中国建筑工业出版社对联合毕设成果出版的大力支持！感谢为联合毕业设计付出辛劳的河北工业大学建筑与艺术设计学院、天津城建大学建筑学院的全体师生。

预祝京津冀"X+1"联合毕业设计越办越好！来年再见！

2018 年 7 月